KB145409

수 학 퍼 즐

# 수막대
# 퍼즐

**Unit**

**01**

도형

# 모양 만들기 ────────── 4

01 수막대 알아보기    02 모양 만들기 ①
03 조건을 만족하는 모양  04 모양 만들기 ②

**Unit**

**02**

측정

# 길이 재기 ────────── 14

01 길이 재기        02 길이가 다른 막대
03 잴 수 있는 길이 ①   04 잴 수 있는 길이 ②

**Unit**

**03**

수와 연산

# 수막대 연산 ────────── 24

01 식 만들기 ①      02 식 만들기 ②
03 식 만들기 ③      04 결과 예상하기

**Unit**

**04**

도형

# 직사각형과 정사각형 ────────── 34

01 직사각형과 정사각형  02 직사각형 모양
03 정사각형 모양      04 모양 만들기

부록

※ 수막대(103쪽)와 자(105쪽)를 학습에 활용해 보세요.

Unit
**05**

도형

**도형의 이동** ---------------------------------- 44

01  도형의 이동 ①　　02  도형 밀기
03  뒤집기, 돌리기　　04  도형의 이동 ②

Unit
**06**

자료와 가능성

**막대그래프** ---------------------------------- 54

01  막대그래프 ①　　02  막대그래프 ②
03  막대그래프 ③　　04  막대그래프 ④

Unit
**07**

수와 연산

**분수** ---------------------------------- 64

01  분수 알아보기　　02  분수 나타내기 ①
03  분수 나타내기 ②　　04  분수의 덧셈과 뺄셈

Unit
**08**

도형

**도형의 둘레** ---------------------------------- 74

01  도형의 둘레　　02  둘레 구하기 ①
03  둘레 구하기 ②　　04  둘레 구하기 ③

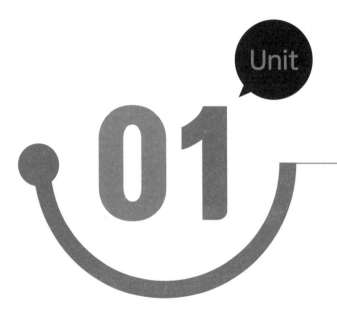

Unit

# 모양 만들기

| 도형 |

## 수막대로 **여러 가지 모양**을 만들어 봐요!

Unit 01
**01** **수막대 알아보기**

Unit 01
**02** **모양 만들기 ①**

Unit 01
**03** **조건을 만족하는 모양**

Unit 01
**04** **모양 만들기 ②**

# 01 수막대 알아보기 | 도형 |

수막대는 1부터 10까지 수를 나타냅니다. 가장 짧은 막대가 1을, 가장 긴 막대가 10을 나타낸다고 할 때 각 막대가 나타내는 수를 빈칸에 써 넣어 보세요.

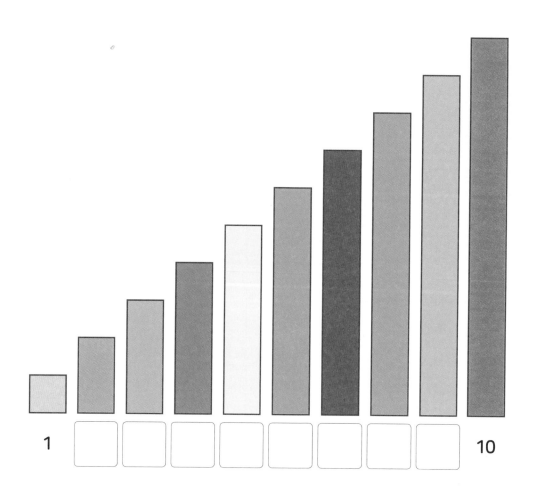

1 ☐ ☐ ☐ ☐ ☐ ☐ ☐ ☐ 10

왼쪽과 같은 수막대를 이용하여 두 자리 수를 만들려고 합니다. 서로 다른 수막대를 한 번씩만 이용하여 47을 만들어보세요. (단, 모든 수막대를 사용하지 않아도 됩니다.)

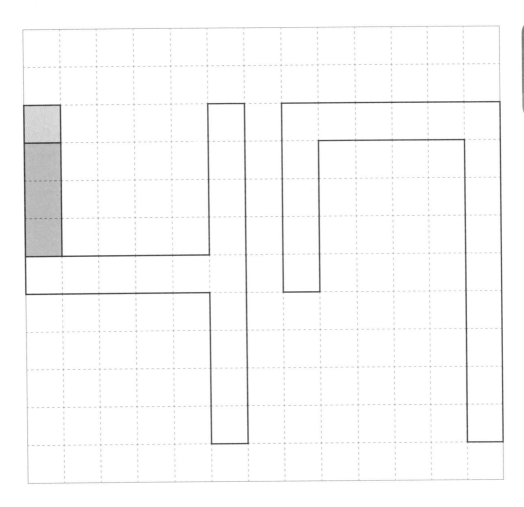

정답 ≫ 86쪽

# 02 모양 만들기 ① | 도형 |

주어진 길이의 수막대 7개를 한 번씩 모두 이용하여 제시된 모양을 만들어 보세요.

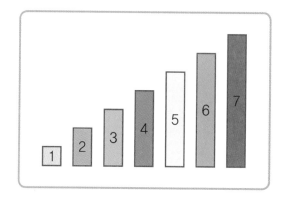

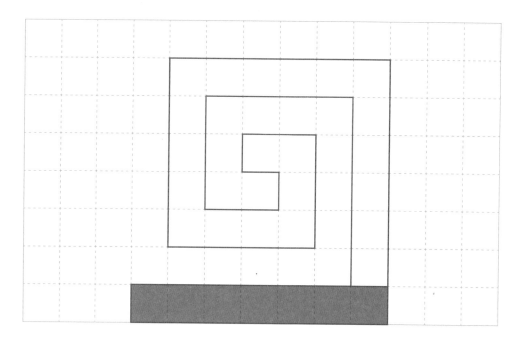

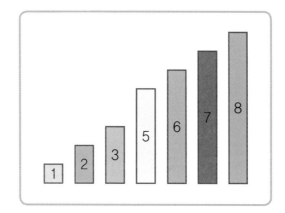

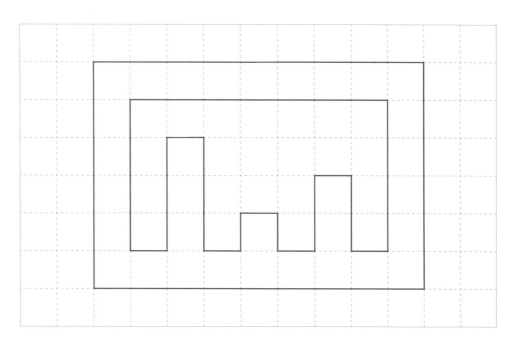

정답 ▶ 86쪽

# 조건을 만족하는 모양 | 도형 |

서로 다른 수막대를 한 번씩만 이용하여 제시된 모양을 <조건>을 만족하는 모양으로 만들어 보세요.

**조건**

① 수막대 7개를 이용합니다.

② 8을 나타내는 수막대는 이용할 수 없습니다.

③ 제시된 모양의 가장 아랫줄에는 4를 나타내는 수막대를 놓을 수 없습니다.

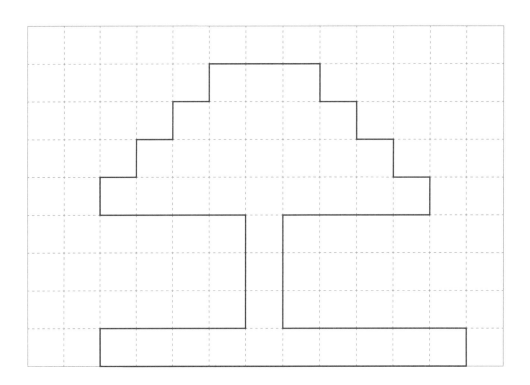

| 조건 | ① 수막대 8개를 이용합니다.<br>② 5를 나타내는 수막대는 이용할 수 없습니다.<br>③ 제시된 모양의 가장 아랫줄에는 1을 나타내는 수막대를 놓을<br>　 수 없습니다. |
| --- | --- |

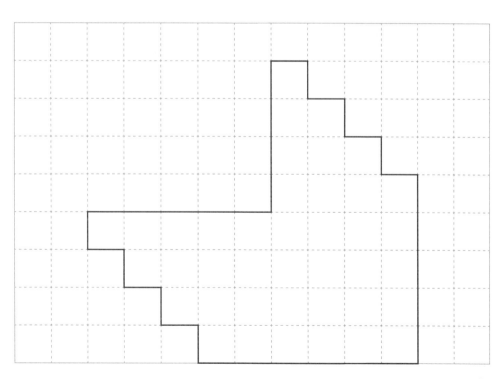

# 모양 만들기 ②  | 도형 |

1부터 10까지 수를 나타내는 수막대 10개를 한 번씩 모두 이용하여 제시된 모양을 만들어 보세요.

◉ 강아지

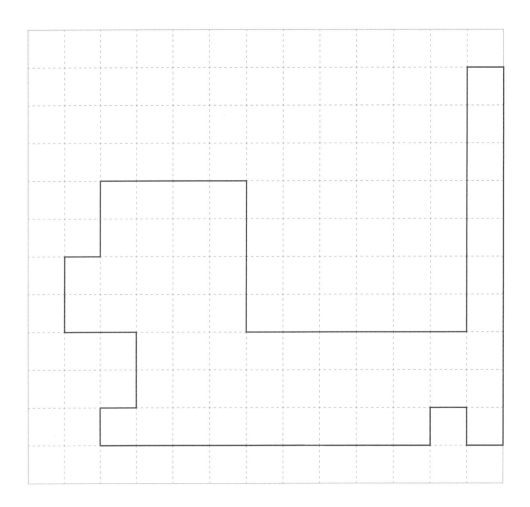

◉ 배

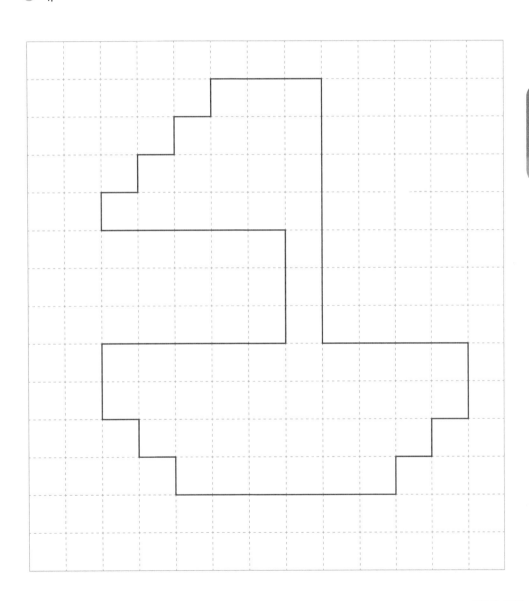

정답 ≫ 87쪽

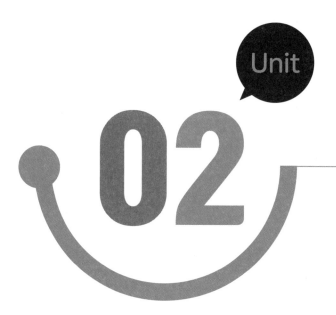

# 길이 재기

| 측정 |

# 수막대로 **길이**를 재어 봐요!

**01** Unit 02 **길이 재기**

**02** Unit 02 **길이가 다른 막대**

**03** Unit 02 **잴 수 있는 길이 ①**

**04** Unit 02 **잴 수 있는 길이 ②**

# 01 길이 재기 | 측정 |

1을 나타내는 수막대의 가로 길이와 세로 길이는 각각 1 cm입니다. 주어진 수막대의 길이를 빈칸에 써넣어 보세요.

※ 부록 자(105쪽)를 학습에 활용해 보세요.

1 cm
1 cm

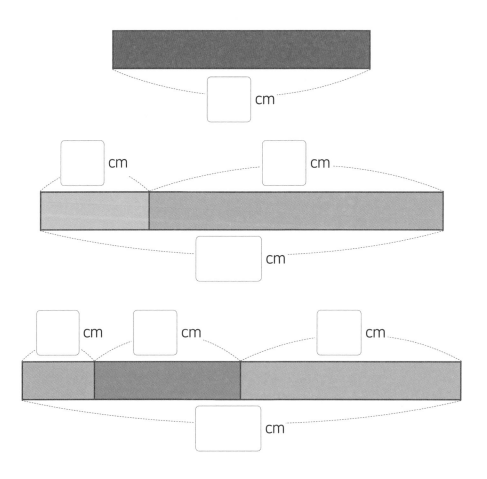

서로 다른 2개 이상의 수막대를 옆으로 길게 이어 붙여 가로 길이가 9 cm 인 막대를 만들어 보세요.

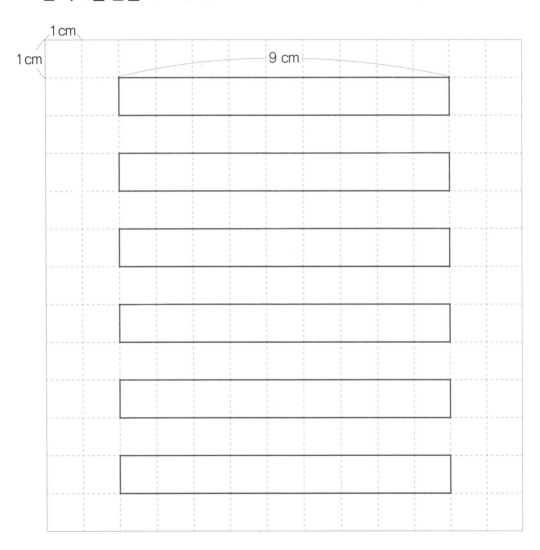

정답 ▶ 88쪽

# 02 길이가 다른 막대 | 측정 |

주어진 수막대를 옆으로 길게 이어 붙여 가로 길이가 서로 다른 막대를 만들려고 합니다. 만들 수 있는 가로 길이에 ○표 하고, 만드는 방법을 나타내어 보세요. (단, 수막대는 한 번씩만 사용합니다.)

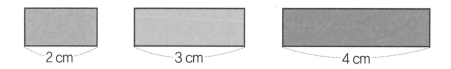

| 가로<br>길이 | 가능<br>여부 | 방법 |
|:---:|:---:|:---|
| 5 cm | ○ |  |
| 6 cm |  |  |
| 7 cm |  |  |
| 8 cm |  |  |
| 9 cm |  |  |
| 10 cm |  |  |

주어진 수막대를 옆으로 길게 이어 붙여 가로 길이가 서로 다른 막대를 만들려고 합니다. 만들 수 있는 길이의 막대를 모두 만들어 보고, 그 길이를 써 보세요. (단, 수막대는 한 번씩만 사용합니다.)

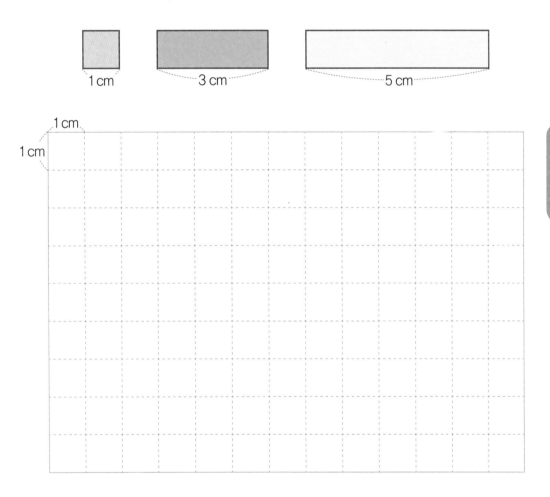

⊙ 만들 수 있는 가로 길이 :

정답 ≫ 88쪽

# 03 잴 수 있는 길이 ① | 측정 |

다음은 주어진 수막대를 이용하여 잴 수 있는 길이를 나타낸 것입니다.
빈칸에 알맞은 수를 써넣어 보세요.

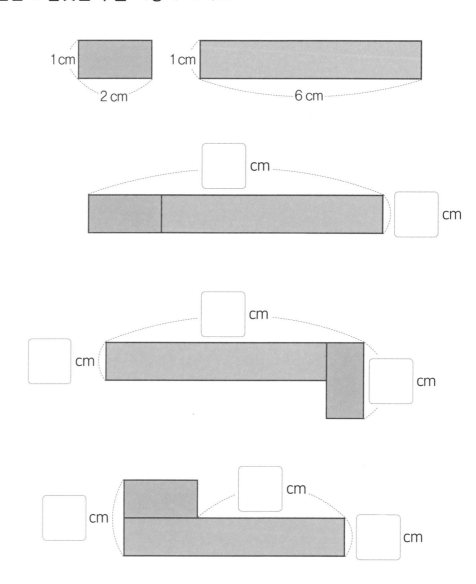

주어진 수막대를 모두 한 번씩만 이용하여 제시된 길이를 잴 수 있는
방법을 나타내어 보세요.

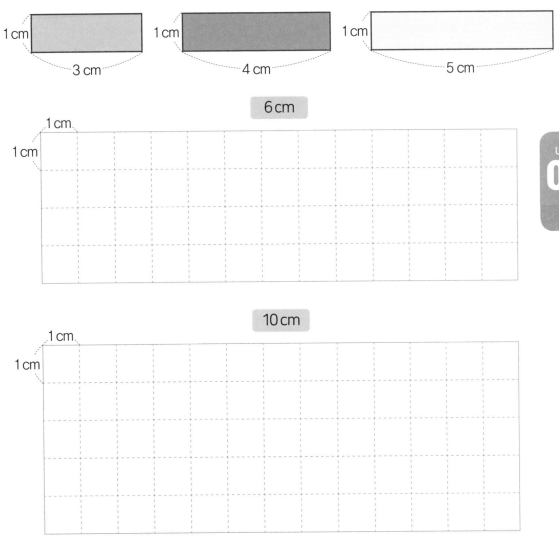

# 잴 수 있는 길이 ② | 측정 |

주어진 수막대를 모두 한 번씩만 이용하여 제시된 길이를 동시에 잴 수 있는 방법을 나타내어 보세요.

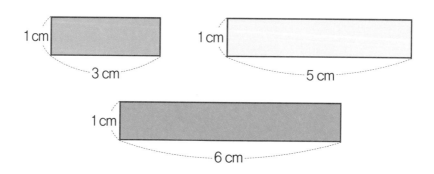

7 cm, 8 cm

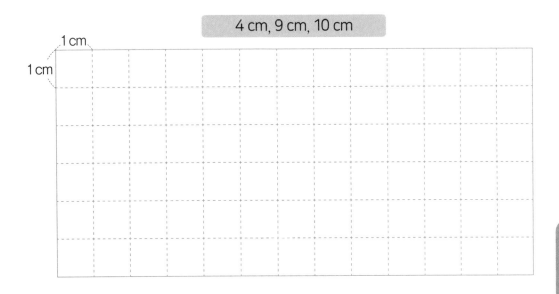

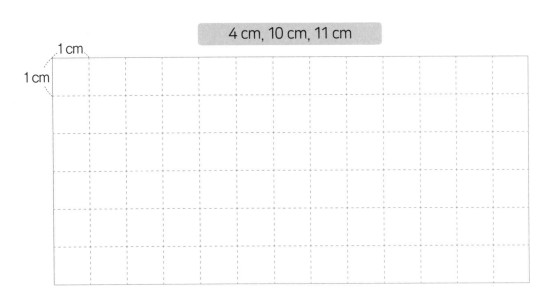

# 수막대 연산

## | 수와 연산 |

수막대를 이용하여 알맞은 **식**을 만들어 봐요!

# 식 만들기 ① | 수와 연산 |

다음은 서로 다른 수막대를 한 번씩만 이용하여 두 수의 합이 한 자리 수인 덧셈식을 만든 것입니다. 계산 결과에 맞는 덧셈식을 모두 써 보세요. (단, 1+2=3, 2+1=3과 같이 덧셈 순서만 다른 식은 한 가지 식으로 봅니다.)

$$1 + 2 = 3$$

| 계산 결과 | 덧셈식 |
|:---:|:---:|
| 3 | $1+2=3$ |
| 4 | |
| 5 | |
| 6 | |
| 7 | |
| 8 | |
| 9 | |

서로 다른 수막대를 한 번씩만 이용하여 세 수의 합이 한 자리 수인 덧셈식을 만들려고 합니다. 만들 수 있는 덧셈식과 계산 결과를 모두 써 보세요. (단, 더하는 수와 식의 계산 결과를 모두 수막대로 나타내야 하며, 덧셈 순서만 다른 식은 한 가지 식으로 봅니다.)

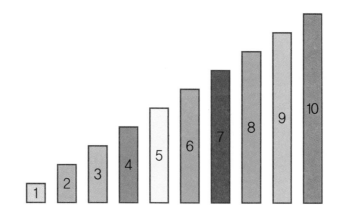

| 덧셈식 | 계산 결과 |
|---|---|
|  |  |
|  |  |
|  |  |
|  |  |

정답 ≫ 90쪽

# 식 만들기 ② | 수와 연산 |

다음은 서로 다른 수막대를 한 번씩만 이용하여 두 수의 차가 한 자리 수인 뺄셈식을 만든 것입니다. 물음에 답하세요.

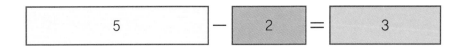

$$5 - 2 = 3$$

◉ 위와 같은 방법으로 계산 결과가 가장 큰 식을 만들려고 합니다. 가장 큰 계산 결과와 만들 수 있는 식을 써 보세요.

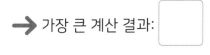

➡ 가장 큰 계산 결과:

➡ _____

◉ 위와 같은 방법으로 계산 결과가 가장 작은 식을 만들려고 합니다. 가장 작은 계산 결과를 쓰고, 만들 수 있는 식은 모두 몇 가지인지 구해 보세요.

➡ 가장 작은 계산 결과:

➡ 만들 수 있는 식의 가짓수:        가지

● 왼쪽과 같은 방법으로 계산 결과가 세 번째로 큰 식을 만들려고 합니다. 세 번째로 큰 계산 결과를 쓰고, 만들 수 있는 식은 모두 몇 가지인지 구해 보세요.

➔ 세 번째로 큰 계산 결과: ☐

➔ 만들 수 있는 식의 가짓수: ☐ 가지

● 왼쪽과 같은 방법으로 계산 결과가 세 번째로 작은 식을 만들려고 합니다. 세 번째로 작은 계산 결과를 쓰고, 만들 수 있는 식은 모두 몇 가지인지 구해 보세요.

➔ 세 번째로 작은 계산 결과: ☐

➔ 만들 수 있는 식의 가짓수: ☐ 가지

정답 》 90쪽

# 식 만들기 ③  | 수와 연산 |

다음은 서로 다른 수막대를 한 번씩만 이용하여 두 수의 합이 두 자리 수인 덧셈식을 만든 것입니다. 이때, 두 자리 수는 십의 자리에 10을 나타내는 수막대를 반드시 사용하여 나타내야 합니다. 물음에 답하세요.

(단, 덧셈 순서만 다른 식은 한 가지 식으로 봅니다.)

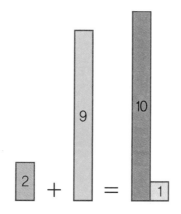

 위와 같은 방법으로 계산 결과가 가장 큰 식을 만들려고 합니다. 가장 큰 계산 결과와 만들 수 있는 식을 써 보세요.

➡ 가장 큰 계산 결과:

➡ _____

⊙ 왼쪽과 같은 방법으로 계산 결과가 가장 작은 식을 만들려고 합니다. 가장 작은 계산 결과를 쓰고, 만들 수 있는 식은 모두 몇 가지인지 구해 보세요.

➡ 가장 작은 계산 결과:

➡ 만들 수 있는 식의 가짓수: 가지

⊙ 왼쪽과 같은 방법으로 계산 결과가 세 번째로 작은 식을 만들려고 합니다. 세 번째로 작은 계산 결과를 쓰고, 만들 수 있는 식은 모두 몇 가지인지 구해 보세요.

➡ 세 번째로 작은 계산 결과:

➡ 만들 수 있는 식의 가짓수: 가지

정답 ≫ 91쪽

# 결과 예상하기 | 수와 연산 |

주어진 수막대가 나타내는 수를 모두 더한 계산 결과를 구하려고 합니다. 수막대를 보고 예상한 계산 결과에 ○표 해 보세요. 또, 예상한 계산 결과가 맞는지 덧셈식을 만들어 확인해 보세요.

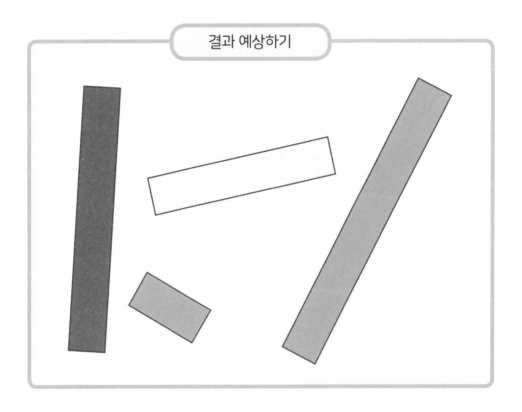

결과 예상하기

➜ 예상한 계산 결과:　　　18　　,　　22　　,　　23　　,　　25

➜ _____

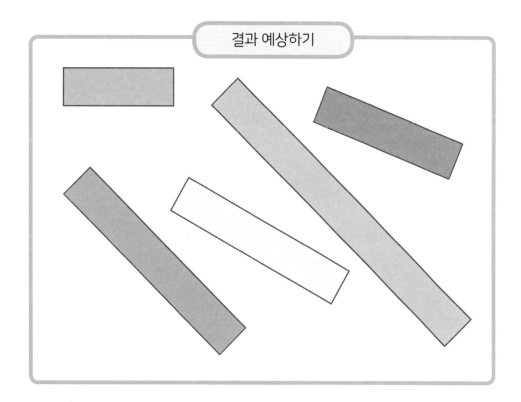

결과 예상하기

→ 예상한 계산 결과:    23    ,    25    ,    27    ,    30

→ _____

정답 ▶ 91쪽

# 직사각형과 정사각형

| 도형 |

수막대로 **직사각형**과 **정사각형** 모양을 만들어 봐요!

Unit 04
**01** **직사각형과 정사각형**

Unit 04
**02** **직사각형 모양**

Unit 04
**03** **정사각형 모양**

Unit 04
**04** **모양 만들기**

# 직사각형과 정사각형 ｜도형｜

여러 가지 사각형 중에서 직사각형을 찾아보세요.

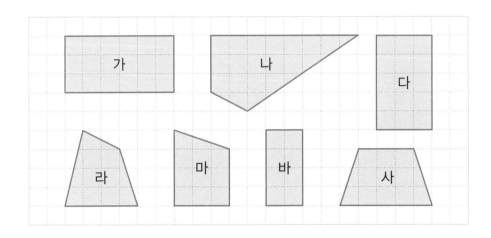

- ⊙ 직사각형은 네 각이 모두 [        ]입니다.

- ⊙ 직사각형은 마주 보는 두 쌍의 변이 서로 [        ]합니다.

- ⊙ 직사각형은 마주 보는 [        ] 변의 길이가 같습니다.

→ 직사각형: [        ] , [        ] , [        ]

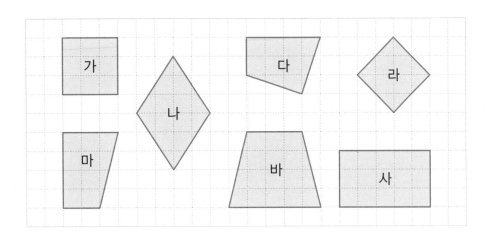

안쌤 Tip
정사각형은 네 각이 모두 직각이므로
직사각형이라 할 수 있습니다.

여러 가지 사각형 중에서 정사각형을 찾아보세요.

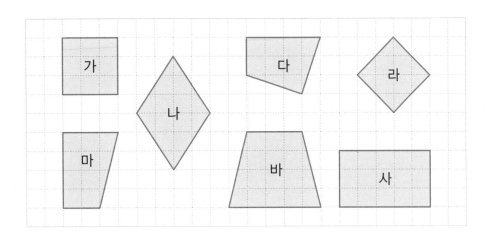

- 정사각형은 [ ] 각이 모두 직각입니다.

- 정사각형은 [ ] 변의 길이가 모두 같습니다.

- 정사각형은 마주 보는 [ ] 쌍의 변이 서로 평행합니다.

→ 정사각형: [ ] , [ ]

# 직사각형 모양 | 도형 |

다음은 서로 다른 수막대를 한 번씩만 이용하여 수막대의 길이를 변의 길이로 하는 직사각형 모양을 만든 것입니다.

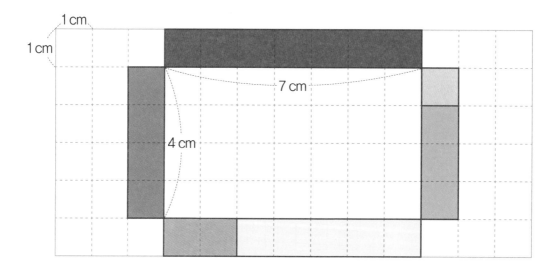

◉ 위와 같은 방법으로 직사각형 모양을 만들어 보세요.

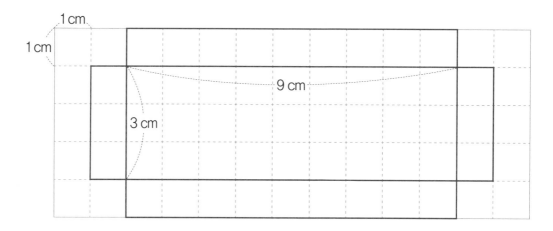

주어진 길이의 수막대 7개를 한 번씩 모두 이용하여 수막대의 길이를 변의 길이로 하는 직사각형 모양을 만들어 보세요. 또, 만든 직사각형의 가로 길이를 나타내어 보세요.

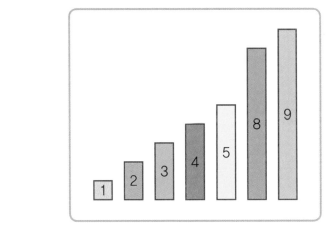

정답 >> 92쪽

# 정사각형 모양 | 도형 |

서로 다른 수막대를 한 번씩만 이용하여 수막대의 길이를 한 변의 길이로 하는 정사각형 모양을 만들어 보세요.

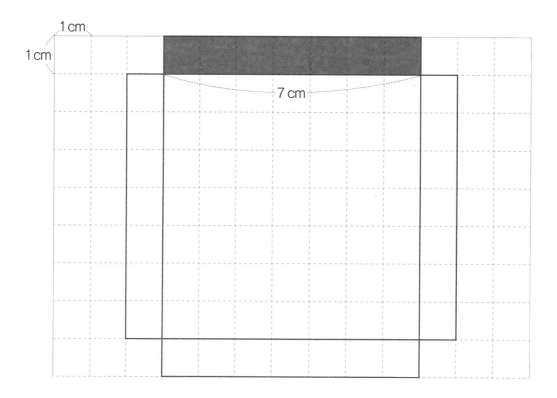

**?** 위와 같은 방법으로 한 변의 길이가 7 cm보다 작은 정사각형 모양은 만들수 없습니다. 그 이유를 설명해 보세요.

서로 다른 수막대를 한 번씩만 이용하여 한 변의 길이가 7 cm보다 큰 정사각형 모양을 한 가지 만들어 보세요.

⊙ 내가 만든 정사각형 모양의 한 변의 길이: 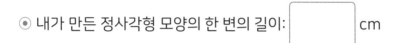 cm

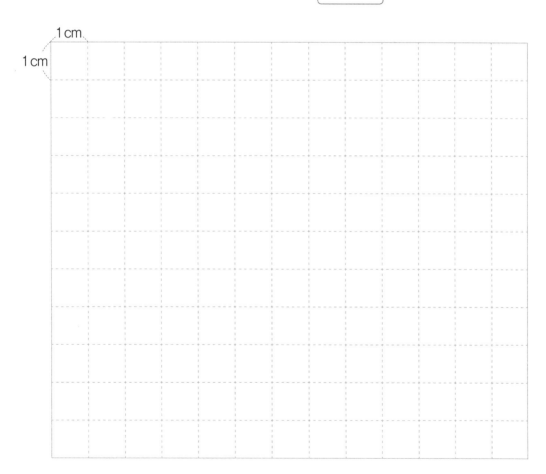

정답 ❯ 93쪽

# 모양 만들기 | 도형 |

서로 다른 수막대를 한 번씩만 이용하여 제시된 모양을 각각 만들어 보세요.

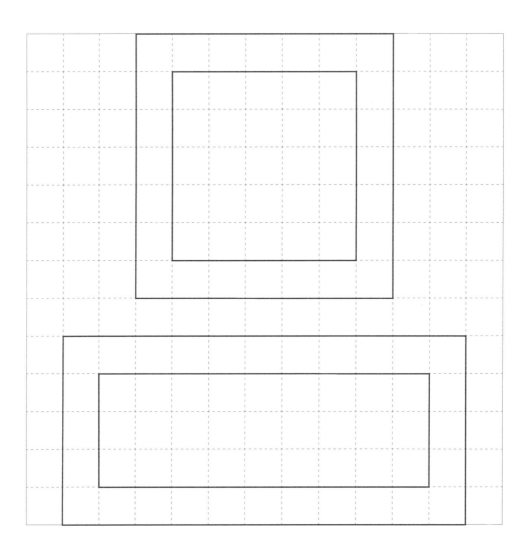

1부터 10까지 수를 나타내는 수막대 10개를 한 번씩 모두 이용하여 제시된 모양을 만들어 보세요.

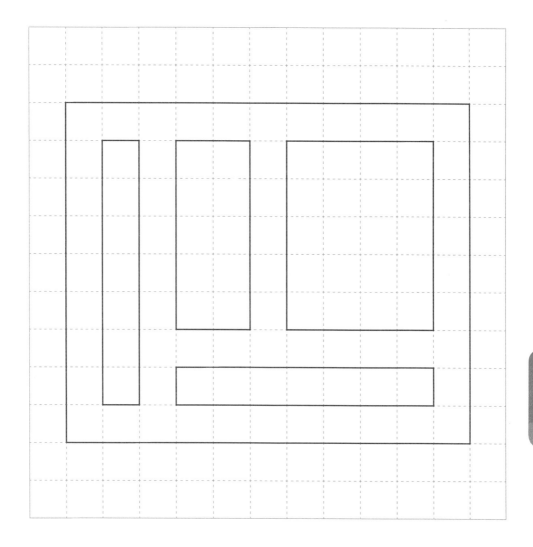

정답 》 93쪽

Unit
04

# Unit 05

# 도형의 이동

| 도형 |

# 평면도형의 이동을 알아봐요!

**Unit 05**
**01** **도형의 이동 ①**

**Unit 05**
**02** **도형 밀기**

**Unit 05**
**03** **뒤집기, 돌리기**

**Unit 05**
**04** **도형의 이동 ②**

# 도형의 이동 ① | 도형 |

주어진 도형을 제시된 방향과 길이만큼 밀었을 때의 모양을 각각 그려 보세요.

◉ 오른쪽으로 2 cm

◉ 왼쪽으로 3 cm, 아래쪽으로 3 cm

가운데 도형을 왼쪽과 오른쪽으로 뒤집었을 때의 모양을 각각 그려 보세요.

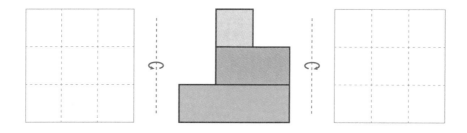

**가운데 도형을 제시된 방향으로 돌렸을 때의 모양을 각각 그려 보세요.**

⊙ 시계 반대 방향과 시계 방향으로 각각 90°만큼 돌리기

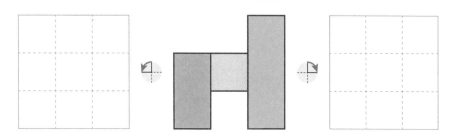

⊙ 시계 반대 방향과 시계 방향으로 각각 180°만큼 돌리기

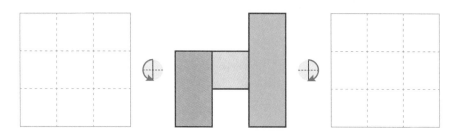

⊙ 시계 반대 방향과 시계 방향으로 각각 270°만큼 돌리기

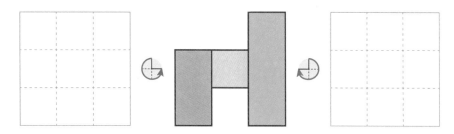

정답 ≫ 94쪽

Unit
05

# 02 도형 밀기 | 도형 |

수막대를 긴 방향으로만 한 번씩만 밀어 ★이 표시된 수막대를 출구를 통해 완전히 밖으로 빼내려고 합니다. 각 막대를 미는 방법을 설명해 보세요. (단, 수막대는 출구를 통해서만 밖으로 나갈 수 있습니다.)

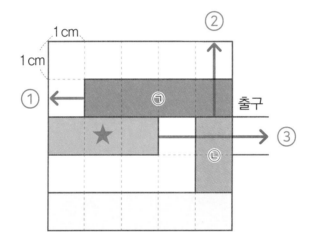

① ㉠을 [　　] 쪽으로 [　　] cm 밉니다

② ㉡을 [　　] 쪽으로 [　　] cm 밉니다.

③ ★이 표시된 수막대를 [　　] 쪽으로 [　　] cm 밉니다.

왼쪽과 같은 방법으로 수막대를 긴 방향으로만 한 번씩만 밀어 ★이 표시된 수막대를 출구를 통해 완전히 밖으로 빼는 방법을 순서대로 나타내어 보세요.

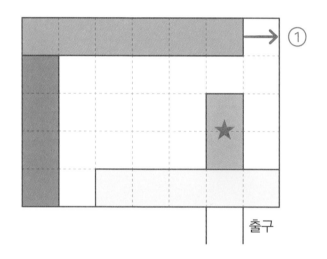

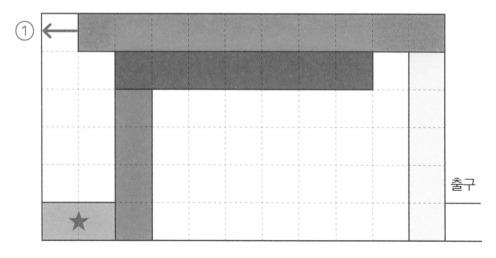

정답 ≫ 94쪽

# 뒤집기, 돌리기 | 도형 |

왼쪽 도형을 오른쪽으로 3번 뒤집은 모양을 그려 보세요.

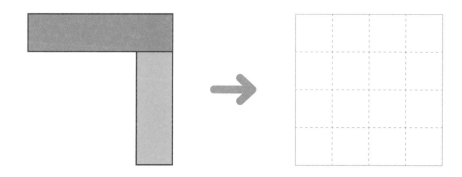

어떤 도형을 아래쪽으로 9번 뒤집었더니 오른쪽과 같은 도형이 되었습니다. 처음 도형은 어떤 모양인지 왼쪽에 그려 보세요.

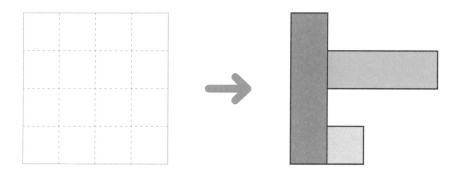

왼쪽 도형을 시계 반대 방향으로 270°만큼 돌렸을 때의 모양을 오른쪽에 그려 보세요.

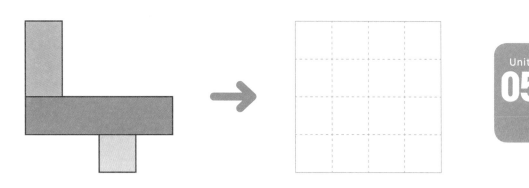

오른쪽 모양은 어떤 도형을 시계 방향으로 180°만큼 3번 돌린 모양입니다. 처음 도형을 왼쪽에 그려 보세요.

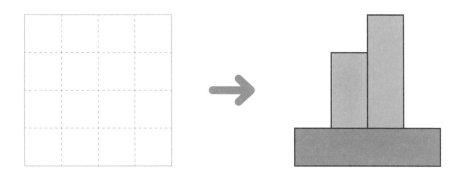

정답 》 95쪽

# 도형의 이동 ② | 도형 |

주어진 도형을 제시된 방향으로 뒤집고 돌렸을 때의 모양을 각각 그려 보세요.

◉ 오른쪽으로 3번 뒤집고 시계 방향으로 90°만큼 3번 돌리기

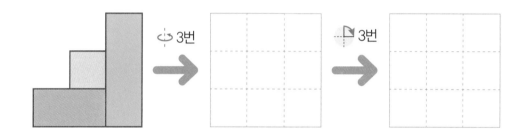

◉ 시계 방향으로 90°만큼 3번 돌리고 오른쪽으로 3번 뒤집기

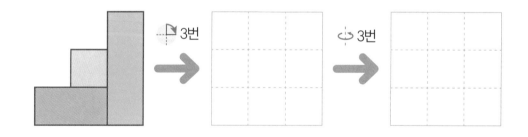

움직인 방법에 따라 어떻게 되는지 비교하여 설명해 보세요.

㉠과 ㉡ 도형을 합쳐서 오른쪽 도형을 만들었습니다. 물음에 답하세요.

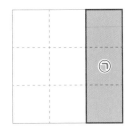 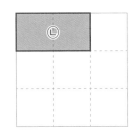  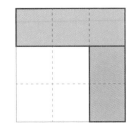

Unit
05

◉ ㉠을 움직인 방법 3가지를 써 보세요.

◉ ㉡을 움직인 방법 3가지를 써 보세요.

정답 ◈ 95쪽

# 막대그래프

| 자료와 가능성 |

수막대로 **막대그래프**를 나타내어 봐요!

# 막대그래프 ① | 자료와 가능성 |

다음은 어떤 반 학생들이 좋아하는 음식을 조사하여 나타낸 표와 막대그래프입니다. 빈칸에 알맞은 말을 써넣어 보세요.

[좋아하는 음식]

| 음식 | 떡볶이 | 피자 | 치킨 | 햄버거 | 라면 | 합계 |
|------|--------|------|------|--------|------|------|
| 학생 수(명) | 3 | 4 | 6 | 5 | 2 | 20 |

[좋아하는 음식]

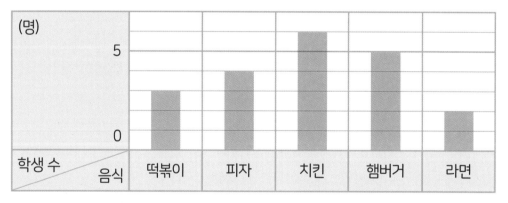

◉ 막대그래프의 가로는 [     ]을/를, 세로는 [     ]을/를 나타냅니다.

◉ 세로 눈금 1칸은 [   ]명을 나타냅니다.

◉ 표에서의 학생 수는 막대그래프에서 막대의 [     ](으)로 나타내었습니다.

왼쪽 막대그래프의 가로와 세로를 서로 바꾸어 막대를 가로로 나타내어
보세요. 또, 막대를 세로로 나타낸 그래프와 같은 점을 설명해 보세요.

[좋아하는 음식]

| 음식＼학생 수 | 0 | | | | 5 | | | (명) |
|---|---|---|---|---|---|---|---|---|
| 떡볶이 | | | | | | | | |
| 피자 | | | | | | | | |
| 치킨 | | | | | | | | |
| 햄버거 | | | | | | | | |
| 라면 | | | | | | | | |

Unit
06

? 조사한 자료의 수량을 표로 나타낸 것보다 막대그래프로 나타냈을 때 좋
은 점을 설명해 보세요.

# 02 막대그래프 ② | 자료와 가능성 |

54명의 학생들이 윷을 던져서 나온 모양을 조사하여 오른쪽 그림과 같은 막대그래프로 나타내려고 합니다. 물음에 답하세요.

> **조건**
> ① 개가 나온 학생 수는 도가 나온 학생 수보다 4명 더 많습니다.
> ② 걸이 나온 학생 수는 윷이 나온 학생 수의 4배입니다.

◎ 윷 모양별 학생 수를 표로 나타내 보세요.

[윷 모양별 학생 수]

| 윷 모양 | 도 | 개 | 걸 | 윷 | 모 | 합계 |
|---|---|---|---|---|---|---|
| 학생 수(명) | 14 | | | | 2 | 54 |

◎ 오른쪽 막대그래프의 가로와 세로에는 각각 무엇을 나타내어야 하는지 설명해 보세요.

◎ 오른쪽 막대그래프의 세로 눈금 한 칸의 크기를 정하고, 그 이유를 설명해 보세요.

⊙ 서로 다른 수막대를 한 번씩만 이용하여 막대그래프를 완성해 보세요.

[윷 모양별 학생 수]

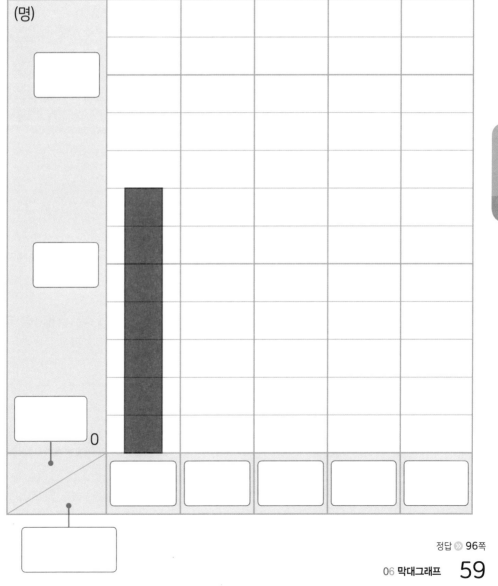

# 막대그래프 ③  | 자료와 가능성 |

66명의 학생들의 취미를 조사하여 나타낸 표를 보고 막대그래프로 나타내려고 합니다. 서로 다른 수막대를 한 번씩만 이용하여 막대그래프를 완성해 보세요.

[취미별 학생 수]

| 취미 | 피아노 | 요리 | 운동 | 독서 | 게임 | 합계 |
|---|---|---|---|---|---|---|
| 학생 수(명) | 9 | 18 | 12 | 21 | 6 | 66 |

[취미별 학생 수]

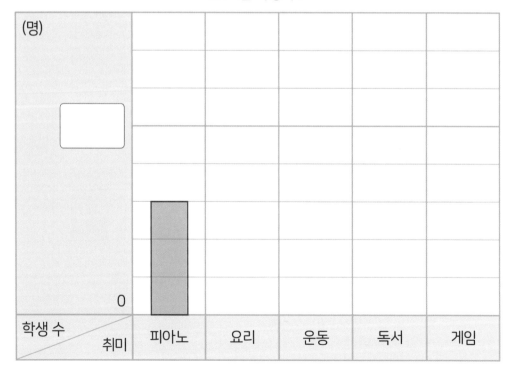

다음은 요일별 공부한 시간을 조사하여 수막대로 나타낸 막대그래프입니다. 5일 동안 공부한 시간은 총 145분이고, 월요일에 공부한 시간이 40분이라고 할 때 수요일에 공부한 시간이 몇 분인지 구해 보세요. 또, 수막대를 이용하여 막대그래프를 완성해 보세요.

[요일별 공부한 시간]

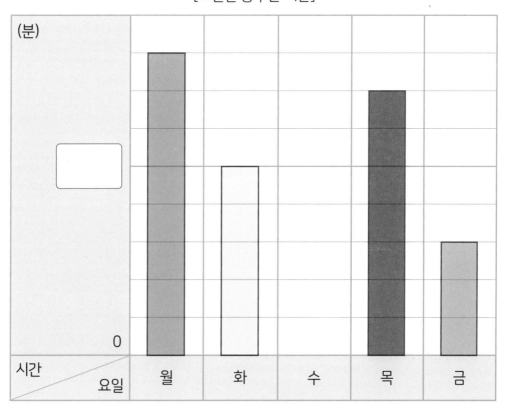

◉ 수요일에 공부한 시간: ☐ 분

정답 ▷ 97쪽

# 04 막대그래프 ④ | 자료와 가능성 |

어느 가게의 월별 장난감 판매량을 조사하여 오른쪽 그림과 같은 막대그래프로 나타내려고 합니다. 물음에 답하세요.

| 조건 | ① 8월의 판매량은 9월의 판매량보다 4개 더 적습니다.
② 10월의 판매량은 8월의 판매량의 2배입니다.
③ 8월부터 12월까지의 판매량은 모두 124개입니다. |

◉ 월별 장난감 판매량을 표로 나타내어 보세요.

[월별 장난감 판매량]

| 월 | 8월 | 9월 | 10월 | 11월 | 12월 | 합계 |
|---|---|---|---|---|---|---|
| 판매량(개) | | 20 | | 44 | | 124 |

◉ 오른쪽 막대그래프의 가로와 세로에는 각각 무엇을 나타내어야 하는지 설명해 보세요.

◉ 오른쪽 막대그래프의 세로 눈금 한 칸의 크기를 정하고, 그 이유를 설명해 보세요.

◉ 서로 다른 수막대를 한 번씩만 이용하여 막대그래프를 완성해 보세요.
(단, 수막대를 긴 방향으로 길게 이어 붙여 수를 나타낼 수 있습니다.)

[월별 장난감 판매량]

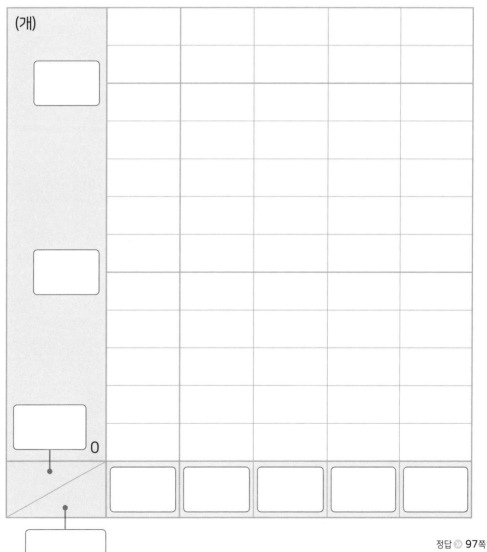

정답 >> 97쪽

Unit

07

# 분수

| 수와 연산 |

수막대로 **분수**를 나타내어 봐요!

Unit 07
**01** **분수 알아보기**

Unit 07
**02** **분수 나타내기 ①**

Unit 07
**03** **분수 나타내기 ②**

Unit 07
**04** **분수의 덧셈과 뺄셈**

## 분수 알아보기 | 수와 연산 |

빈칸에 알맞은 수를 써넣어 보세요.

전체를 똑같이 3으로 나눈 것 중의 1을 $\dfrac{\boxed{\phantom{0}}}{3}$ (이)라 쓰고,

3 분의 $\boxed{\phantom{0}}$ (이)라 읽습니다.

전체를 똑같이 3으로 나눈 것 중의 1을 $\dfrac{\boxed{\phantom{0}}}{\boxed{\phantom{0}}}$ (이)라 쓰고,

$\boxed{\phantom{0}}$ 분의 $\boxed{\phantom{0}}$ (이)라 읽습니다.

전체 길이에 대하여 색칠된 분수의 길이를 분수로 나타내어 보세요.

→ $\boxed{\phantom{0}}$

→ $\boxed{\phantom{0}}$

그림을 보고 분수의 덧셈식을 나타내어 보세요.

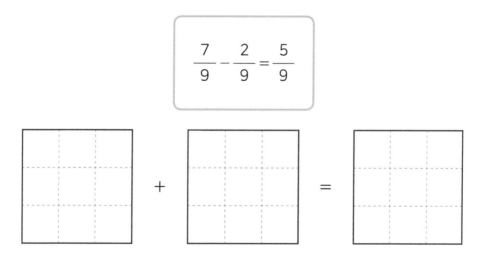

분수의 뺄셈식을 그림으로 나타내어 보세요.

$$\frac{7}{9} - \frac{2}{9} = \frac{5}{9}$$

정답 ▶ 98쪽

# 분수 나타내기 ① | 수와 연산 |

10개의 칸 중 색칠된 부분이 3칸일 때 색칠된 칸의 수를 $\frac{3}{10}$으로 나타낼 수 있습니다.

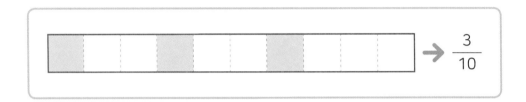

모눈종이에 다음과 같이 수막대를 올려놓았습니다. 첫 번째 줄부터 네 번째 줄까지 가로 한 줄에 대하여 수막대가 놓여있는 칸의 수를 각각 분수로 나타내어 보세요.

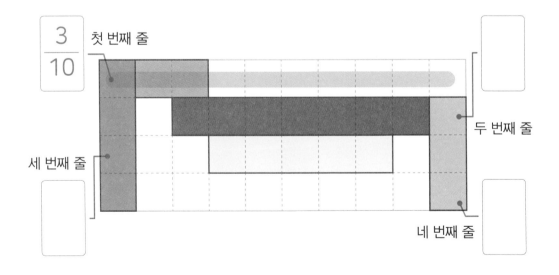

모눈종이에 1부터 10까지 수를 나타내는 수막대 10개를 서로 겹치지 않게 모두 올려 놓은 후 첫 번째 줄부터 열두 번째 줄까지 세로 한 줄에 대하여 수막대가 놓여 있는 칸의 수를 각각 분수로 나타내어 보세요.

# 분수 나타내기 ②  | 수와 연산 |

길이가 10 cm인 막대 모양에 길이가 5 cm인 수막대를 올려놓았습니다. 이때, 전체 길이에 대하여 수막대 1개의 길이를 $\frac{1}{2}$로 나타낼 수 있습니다.

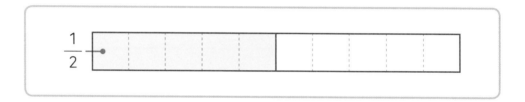

길이가 12 cm인 막대 모양에 수막대 1개를 각각 올려놓았습니다. 전체 길이에 대하여 수막대 1개의 길이를 $\frac{1}{\square}$로 나타내어 보세요.

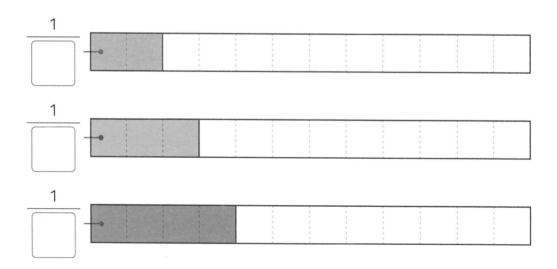

$\dfrac{1}{2}$, $\dfrac{1}{3}$, $\dfrac{1}{4}$과 같이 분자가 1인 분수를 단위분수라 해요.

길이가 12 cm인 막대 모양에 올려놓은 여러 개의 수막대의 길이를 왼쪽에서 구한 수막대 1개의 길이 $\dfrac{1}{\Box}$을 이용하여 분수로 나타내어 보세요.

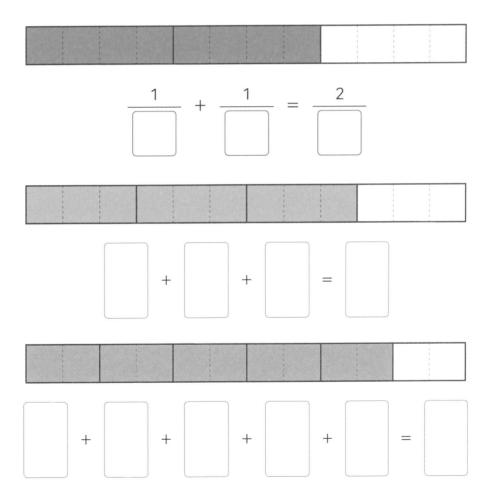

# 분수의 덧셈과 뺄셈 | 수와 연산 |

하루에 아버지는 전체 일의 $\dfrac{2}{9}$를, 어머니는 전체 일의 $\dfrac{1}{9}$을 합니다. 물음에 답하세요.

◉ 길이가 9 cm인 막대 모양에 수막대를 이용하여 아버지와 어머니가 하루에 한 일의 양을 각각 나타내어 보세요.

| 구분 | 하루에 한 일의 양 |
|------|------------------|
| 아버지 | |
| 어머니 | |

◉ 길이가 9 cm인 막대 모양에 위에서 이용한 수막대로 아버지와 어머니가 하루에 함께 한 일의 양을 나타내고, $\dfrac{1}{\square}$로 나타내어 보세요.

◉ 아버지와 어머니가 함께 일을 했을 때 전체 일을 며칠 만에 모두 끝낼 수 있는지 구해 보세요.

케이크를 만드는 데 빵과 크림이 필요하고, 빵과 크림을 만드는 데 우유가 필요합니다. 케이크 1개를 만드는 데 필요한 우유의 양은 빵에는 $\dfrac{1}{12}$ L이고, 크림에는 $\dfrac{5}{12}$ L입니다. 물음에 답하세요.

◉ 길이가 12 cm인 막대 모양에 수막대를 이용하여 케이크 1개를 만드는 데 필요한 우유의 양을 나타내고, $\dfrac{1}{\square}$로 나타내어 보세요.

 L

◉ 우유 1 L로 만들 수 있는 케이크의 개수는 모두 몇 개인지 구해 보세요.

◉ 우유 2 L로 케이크 3개를 만들었을 때 남은 우유의 양은 몇 L인지 구해 보세요.

정답 ≫ 99쪽

# 도형의 둘레

| 도 형 |

# 수막대로 만든 **도형의 둘레**를 구해 봐요!

Unit 08
**01** **도형의 둘레**

Unit 08
**02** **둘레 구하기 ①**

Unit 08
**03** **둘레 구하기 ②**

Unit 08
**04** **둘레 구하기 ③**

# 도형의 둘레 | 도형 |

각 변의 길이를 모두 더하면 도형의 둘레를 구할 수 있습니다. 수막대로 만든 도형의 둘레를 구해 보세요.

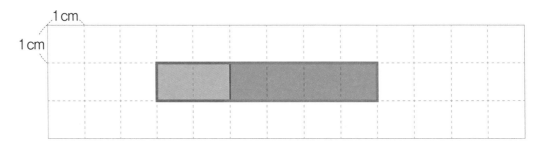

$$6+1+6+1= \boxed{\phantom{00}} \text{(cm)}$$

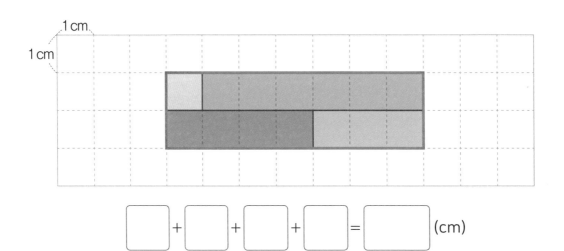

$$\boxed{\phantom{0}} + \boxed{\phantom{0}} + \boxed{\phantom{0}} + \boxed{\phantom{0}} = \boxed{\phantom{0}} \text{(cm)}$$

## 다음과 같은 방법으로 수막대로 만든 도형의 둘레를 구해 보세요.

◉ 방법 1: 사각형으로 만들어 구합니다.

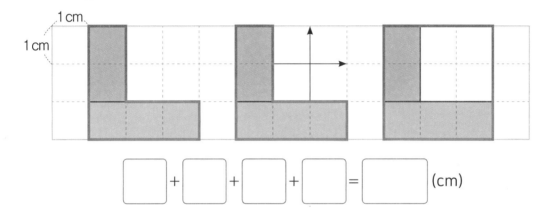

$$\boxed{\phantom{0}} + \boxed{\phantom{0}} + \boxed{\phantom{0}} + \boxed{\phantom{0}} = \boxed{\phantom{0}} \text{(cm)}$$

◉ 방법 2: 사각형으로 만들어 구하고, 남는 변의 길이를 더합니다.

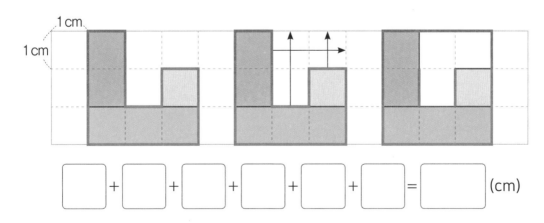

$$\boxed{\phantom{0}} + \boxed{\phantom{0}} + \boxed{\phantom{0}} + \boxed{\phantom{0}} + \boxed{\phantom{0}} + \boxed{\phantom{0}} = \boxed{\phantom{0}} \text{(cm)}$$

Unit

08

정답 ≫ 100쪽

주어진 길이의 수막대 7개를 한 번씩 모두 이용하여 제시된 도형을 만들고, 만들어진 도형의 둘레를 구해 보세요.

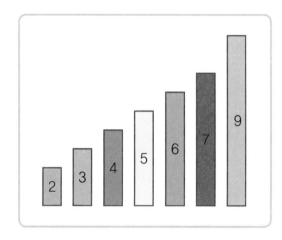

cm

서로 다른 수막대를 한 번씩만 이용하여 제시된 도형을 만들고, 만들어 진 도형의 둘레를 구해 보세요. (단, 모든 수막대를 사용하지 않아도 됩니다.)

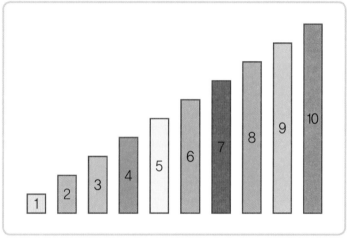

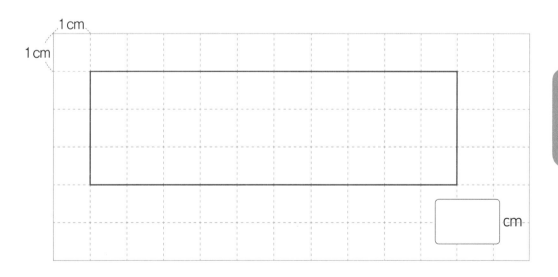

정답 ≫ 100쪽

# 03 둘레 구하기 ② | 도형 |

서로 다른 수막대를 한 번씩만 이용하여 제시된 도형을 각각 만들고,
만들어진 도형의 둘레를 구해 보세요.

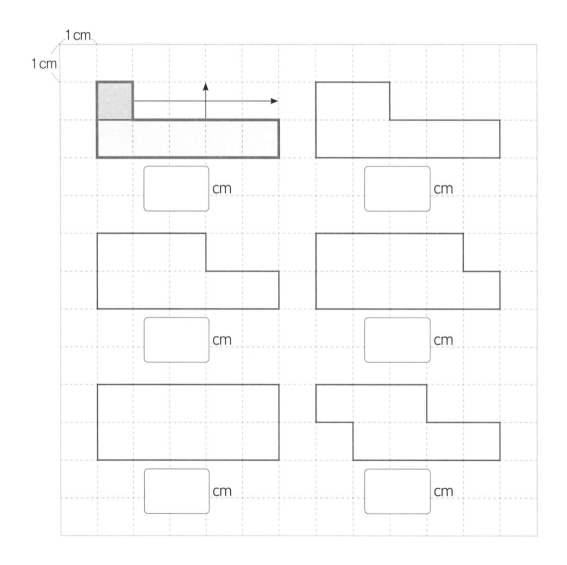

일정한 규칙으로 수막대를 붙여 도형을 만들었습니다. 규칙을 찾아 여덟 번째 도형을 만들고, 만들어진 도형의 둘레를 구해 보세요.

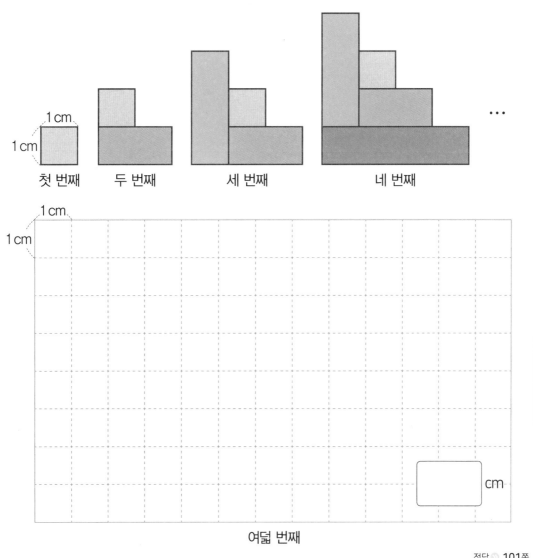

첫 번째    두 번째    세 번째    네 번째

여덟 번째

정답 ⟩ 101쪽

# 04 둘레 구하기 ③ | 도형 |

서로 다른 수막대를 한 번씩만 이용하여 제시된 도형을 각각 만들고,
만들어진 도형의 둘레를 구해 보세요.

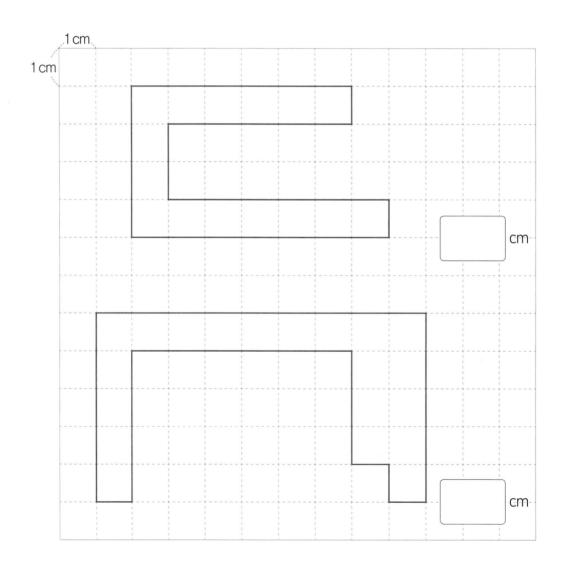

서로 다른 수막대 4개를 한 번씩만 이용하여 제시된 둘레의 도형을 각각 만들어 보세요.

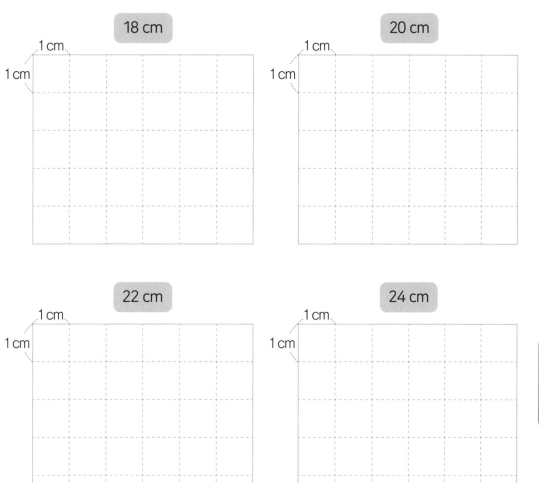

18 cm

1 cm
1 cm

20 cm

1 cm
1 cm

22 cm

1 cm
1 cm

24 cm

1 cm
1 cm

정답 » 101쪽

Unit
08

정답

확인해 볼까요?

# 01 Unit

# 모양 만들기 | 도형 |

## Unit 01 | 01 수막대 알아보기 | 도형 |

수막대는 1부터 10까지 수를 나타냅니다. 가장 짧은 막대가 1을, 가장 긴 막대가 10을 나타낸다고 할 때 각 막대가 나타내는 수를 빈칸에 써 넣어 보세요.

왼쪽과 같은 수막대를 이용하여 두 자리 수를 만들려고 합니다. 서로 다른 수막대를 한 번씩만 이용하여 47을 만들어보세요. (단, 모든 수막대를 사용하지 않아도 됩니다.)

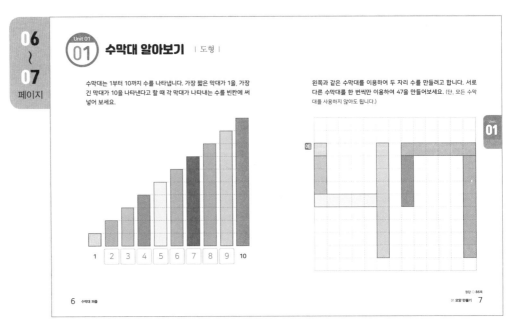

정답 86쪽

6 수막대 퍼즐

01. 모양 만들기 7

## Unit 01 | 02 모양 만들기 ① | 도형 |

주어진 길이의 수막대 7개를 한 번씩 모두 이용하여 제시된 모양을 만들어 보세요.

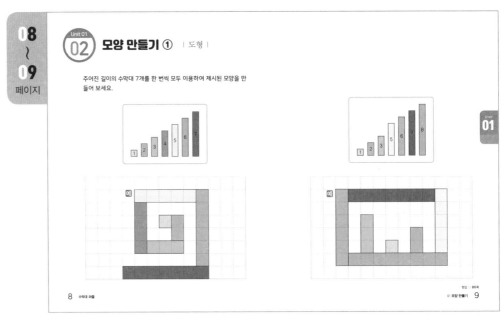

정답 86쪽

8 수막대 퍼즐

01. 모양 만들기 9

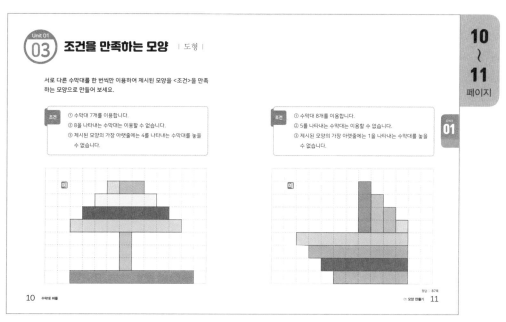

### Unit 01
## 03 조건을 만족하는 모양 │ 도형 │

서로 다른 수막대를 한 번씩만 이용하여 제시된 모양을 <조건>을 만족
하는 모양으로 만들어 보세요.

**조건**
① 수막대 7개를 이용합니다.
② 8을 나타내는 수막대는 이용할 수 없습니다.
③ 제시된 모양의 가장 아랫줄에는 4를 나타내는 수막대를 놓을
수 없습니다.

**조건**
① 수막대 8개를 이용합니다.
② 5를 나타내는 수막대는 이용할 수 없습니다.
③ 제시된 모양의 가장 아랫줄에는 1을 나타내는 수막대를 놓을
수 없습니다.

예

예

정답 87쪽

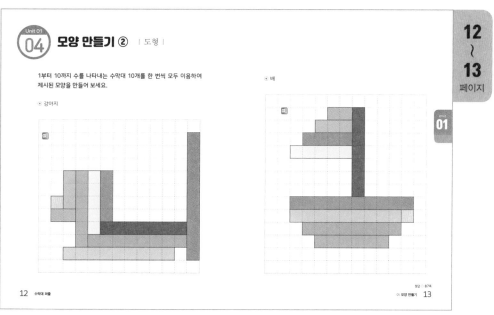

### Unit 01
## 04 모양 만들기 ② │ 도형 │

1부터 10까지 수를 나타내는 수막대 10개를 한 번씩 모두 이용하여
제시된 모양을 만들어 보세요.

• 강아지

• 배

예

예

정답 87쪽

정답 **87**

# 02

## 길이 재기 | 측정 |

16 ~ 17 페이지

### Unit 02
### 01 길이 재기 | 측정 |

인벤트 Tip
자를 이용하면 물건의 길이를 잴 수 있어요.

1을 나타내는 수막대의 가로 길이와 세로 길이는 각각 1 cm입니다. 주어진 수막대의 길이를 빈칸에 써넣어 보세요.

※ 부록 자(105쪽)를 학습에 활용해 보세요.

1 cm

7 cm

3 cm    8 cm
11 cm

2 cm  4 cm    6 cm
12 cm

서로 다른 2개 이상의 수막대를 옆으로 길게 이어 붙여 가로 길이가 9 cm인 막대를 만들어 보세요.

1 cm
1 cm
9 cm

예
예
예
예
예
예

16 수막대 퍼즐

정답 88쪽
02 길이 재기 17

unit 02

18 ~ 19 페이지

### Unit 02
### 02 길이가 다른 막대 | 측정 |

주어진 수막대를 옆으로 길게 이어 붙여 가로 길이가 서로 다른 막대를 만들려고 합니다. 만들 수 있는 가로 길이에 ○표 하고, 만드는 방법을 나타내어 보세요. (단, 수막대는 한 번씩만 사용합니다.)

2 cm    3 cm    4 cm

| 가로 길이 | 가능 여부 | 방법 |
|---|---|---|
| 5 cm | ○ | |
| 6 cm | ○ | |
| 7 cm | ○ | |
| 8 cm | | |
| 9 cm | ○ | |
| 10 cm | | |

주어진 수막대를 옆으로 길게 이어 붙여 가로 길이가 서로 다른 막대를 만들려고 합니다. 만들 수 있는 길이의 막대를 모두 만들어 보고, 그 길이를 써 보세요. (단, 수막대는 한 번씩만 사용합니다.)

1 cm    3 cm    5 cm

1 cm
1 cm

• 만들 수 있는 가로 길이: 4 cm, 6 cm, 8 cm, 9 cm

18 수막대 퍼즐

정답 88쪽
02 길이 재기 19

unit 02

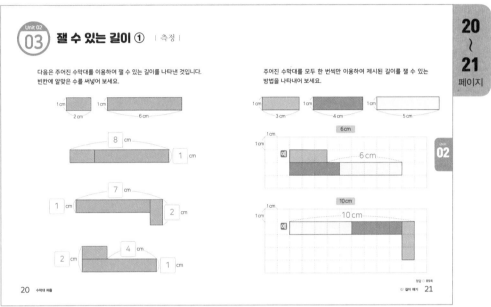

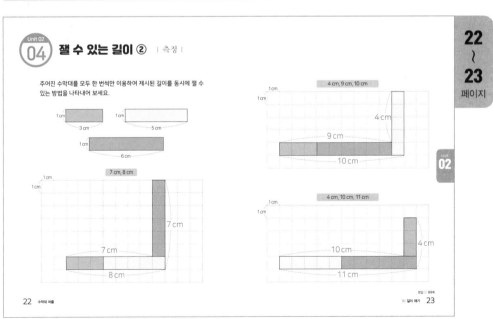

# 수막대 연산 | 수와 연산 |

## Unit 03 01 식 만들기 ① | 수와 연산 |

다음은 서로 다른 수막대를 한 번씩만 이용하여 두 수의 합이 한 자리 수인 덧셈식을 만든 것입니다. 계산 결과에 맞는 덧셈식을 모두 써 보세요. (단, 1 + 2 = 3, 2 + 1 = 3과 같이 덧셈 순서만 다른 식은 한 가지 식으로 봅니다.)

| 계산 결과 | 덧셈식 |
|---|---|
| 3 | 1 + 2 = 3 |
| 4 | 1 + 3 = 4 |
| 5 | 1 + 4 = 5, 2 + 3 = 5 |
| 6 | 1 + 5 = 6, 2 + 4 = 6 |
| 7 | 1 + 6 = 7, 2 + 5 = 7, 3 + 4 = 7 |
| 8 | 1 + 7 = 8, 2 + 6 = 8, 3 + 5 = 8 |
| 9 | 1 + 8 = 9, 2 + 7 = 9, 3 + 6 = 9, 4 + 5 = 9 |

서로 다른 수막대를 한 번씩만 이용하여 세 수의 합이 한 자리 수인 덧셈식을 만들려고 합니다. 만들 수 있는 덧셈식과 계산 결과를 모두 써 보세요. (단, 더하는 수와 식의 계산 결과를 모두 수막대로 나타내야 하며, 덧셈 순서만 다른 식은 한 가지 식으로 봅니다.)

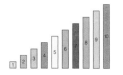

| 덧셈식 | 계산 결과 |
|---|---|
| 1 + 2 + 3 = 6 | 6 |
| 1 + 2 + 4 = 7 | 7 |
| 1 + 2 + 5 = 8, 1 + 3 + 4 = 8 | 8 |
| 1 + 2 + 6 = 9, 1 + 3 + 5 = 9, 2 + 3 + 4 = 9 | 9 |

## Unit 03 02 식 만들기 ② | 수와 연산 |

다음은 서로 다른 수막대를 한 번씩만 이용하여 두 수의 차가 한 자리 수인 뺄셈식을 만든 것입니다. 물음에 답하세요.

• 위와 같은 방법으로 계산 결과가 가장 큰 식을 만들려고 합니다. 가장 큰 계산 결과와 만들 수 있는 식을 써 보세요.

→ 가장 큰 계산 결과: 9

→ 10 − 1 = 9

• 위와 같은 방법으로 계산 결과가 가장 작은 식을 만들려고 합니다. 가장 작은 계산 결과를 쓰고, 만들 수 있는 식은 모두 몇 가지인지 구해 보세요.

→ 가장 작은 계산 결과: 1

→ 만들 수 있는 식의 가짓수: 8 가지

10 − 9 = 1, 9 − 8 = 1, 8 − 7 = 1, 7 − 6 = 1,
6 − 5 = 1, 5 − 4 = 1, 4 − 3 = 1, 3 − 2 = 1

• 왼쪽과 같은 방법으로 계산 결과가 세 번째로 큰 식을 만들려고 합니다. 세 번째로 큰 계산 결과를 쓰고, 만들 수 있는 식은 모두 몇 가지인지 구해 보세요.

→ 세 번째로 큰 계산 결과: 7

→ 만들 수 있는 식의 가짓수: 3 가지

10 − 3 = 7, 9 − 2 = 7, 8 − 1 = 7

• 왼쪽과 같은 방법으로 계산 결과가 세 번째로 작은 식을 만들려고 합니다. 세 번째로 작은 계산 결과를 쓰고, 만들 수 있는 식은 모두 몇 가지인지 구해 보세요.

→ 세 번째로 작은 계산 결과: 3

→ 만들 수 있는 식의 가짓수: 6 가지

10 − 7 = 3, 9 − 6 = 3, 8 − 5 = 3, 7 − 4 = 3,
5 − 2 = 3, 4 − 1 = 3

### 03 식 만들기 ③ | 수와 연산 |

다음은 서로 다른 수막대를 한 번씩만 이용하여 두 수의 합이 두 자리 수인 덧셈식을 만든 것입니다. 이때, 두 자리 수는 십의 자리에 10을 나타내는 수막대를 반드시 사용하여 나타내야 합니다. 물음에 답하세요.

(단, 덧셈 순서만 다른 식은 한 가지 식으로 봅니다.)

· 위와 같은 방법으로 계산 결과가 가장 큰 식을 만들려고 합니다. 가장 큰 계산 결과와 만들 수 있는 식을 써 보세요.

→ 가장 큰 계산 결과: 17

→ 8 + 9 = 17

· 왼쪽과 같은 방법으로 계산 결과가 가장 작은 식을 만들려고 합니다. 가장 작은 계산 결과를 쓰고, 만들 수 있는 식은 모두 몇 가지인지 구해 보세요.

→ 가장 작은 계산 결과: 10

→ 만들 수 있는 식의 가짓수: 4 가지

1 + 9 = 10, 2 + 8 = 10, 3 + 7 = 10, 4 + 6 = 10

· 왼쪽과 같은 방법으로 계산 결과가 세 번째로 작은 식을 만들려고 합니다. 세 번째로 작은 계산 결과를 쓰고, 만들 수 있는 식은 모두 몇 가지인지 구해 보세요.

→ 세 번째로 작은 계산 결과: 12

→ 만들 수 있는 식의 가짓수: 3 가지

3 + 9 = 12, 4 + 8 = 12, 5 + 7 = 12

30 수막대 퍼즐

정답 : 91쪽

◎ 수막대 연산 31

---

### 04 결과 예상하기 | 수와 연산 |

안쌤 Tip
계산 결과를 미리 생각해 보는 것을 예상이라 해요.

주어진 수막대가 나타내는 수를 모두 더한 계산 결과를 구하려고 합니다. 수막대를 보고 예상한 계산 결과에 ○표 해 보세요. 또, 예상한 계산 결과가 맞는지 덧셈식을 만들어 확인해 보세요.

결과 예상하기

→ 예상한 계산 결과: 18 , (22) , 23 , 25

→ 2 + 5 + 7 + 8 = 22

결과 예상하기

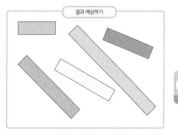

→ 예상한 계산 결과: 23 , 25 , (27) , 30

→ 3 + 4 + 5 + 6 + 9 = 27

32 수막대 퍼즐

정답 : 91쪽

◎ 수막대 연산 33

# 04 Unit

# 직사각형과 정사각형 ｜도형｜

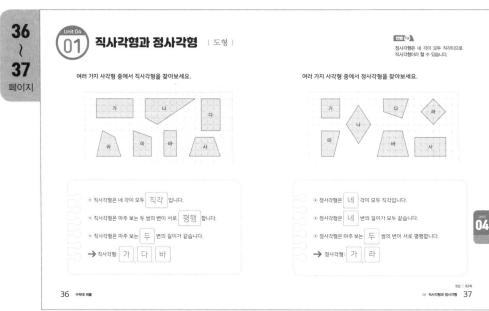

36 ~ 37 페이지

## Unit 04 01 직사각형과 정사각형 ｜도형｜

**개념 Tip**
정사각형은 네 각이 모두 직각이므로 직사각형이라 할 수 있습니다.

여러 가지 사각형 중에서 직사각형을 찾아보세요.

여러 가지 사각형 중에서 정사각형을 찾아보세요.

- 직사각형은 네 각이 모두 직각 입니다.
- 직사각형은 마주 보는 두 쌍의 변이 서로 평행 합니다.
- 직사각형은 마주 보는 두 변의 길이가 같습니다.
→ 직사각형: 가 다 바

- 정사각형은 네 각이 모두 직각입니다.
- 정사각형은 네 변의 길이가 모두 같습니다.
- 정사각형은 마주 보는 두 쌍의 변이 서로 평행합니다.
→ 정사각형: 가 라

36 수막대 퍼즐

정답 ○ 92쪽
04 직사각형과 정사각형 37

---

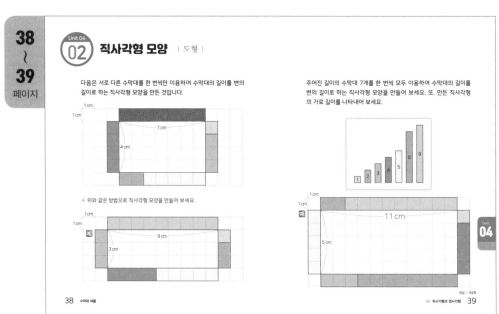

38 ~ 39 페이지

## Unit 04 02 직사각형 모양 ｜도형｜

다음은 서로 다른 수막대를 한 번씩만 이용하여 수막대의 길이를 변의 길이로 하는 직사각형 모양을 만든 것입니다.

주어진 길이의 수막대 7개를 한 번씩 모두 이용하여 수막대의 길이를 변의 길이로 하는 직사각형 모양을 만들어 보세요. 또, 만든 직사각형의 가로 길이를 나타내어 보세요.

* 위와 같은 방법으로 직사각형 모양을 만들어 보세요.

38 수막대 퍼즐

정답 ○ 92쪽
04 직사각형과 정사각형 39

---

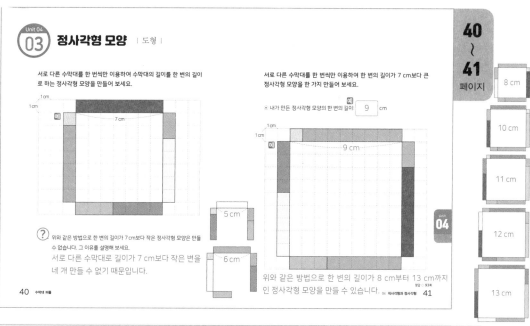

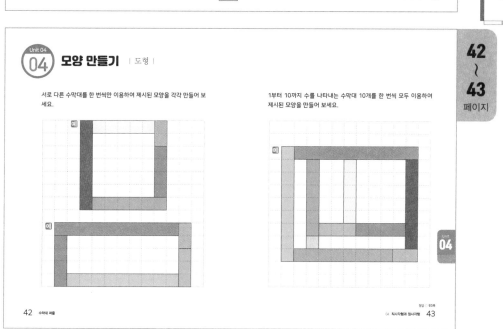

Unit 04
(03) **정사각형 모양** | 도형 |

서로 다른 수막대를 한 번씩만 이용하여 수막대의 길이를 한 변의 길이로 하는 정사각형 모양을 만들어 보세요.

1 cm
1 cm
예
7 cm

(?) 위와 같은 방법으로 한 변의 길이가 7 cm보다 작은 정사각형 모양은 만들수 없습니다. 그 이유를 설명해 보세요.

서로 다른 수막대로 길이가 7 cm보다 작은 변을 네 개 만들 수 없기 때문입니다.

40   수막대 퍼즐

서로 다른 수막대를 한 번씩만 이용하여 한 변의 길이가 7 cm보다 큰 정사각형 모양을 한 가지 만들어 보세요.

예

• 내가 만든 정사각형 모양의 한 변의 길이: 9 cm

1 cm
1 cm
예
9 cm

위와 같은 방법으로 한 변의 길이가 8 cm부터 13 cm까지인 정사각형 모양을 만들 수 있습니다.

정답 : 93쪽   04. 직사각형과 정사각형   41

5 cm

6 cm

40
~
41
페이지

8 cm

10 cm

11 cm

12 cm

13 cm

Unit 04
(04) **모양 만들기** | 도형 |

서로 다른 수막대를 한 번씩만 이용하여 제시된 모양을 각각 만들어 보세요.

예

예

42   수막대 퍼즐

1부터 10까지 수를 나타내는 수막대 10개를 한 번씩 모두 이용하여 제시된 모양을 만들어 보세요.

예

정답 : 93쪽   04. 직사각형과 정사각형   43

42
~
43
페이지

# Unit 05

## 도형의 이동 | 도형 |

**46 ~ 47 페이지**

### Unit 05 / 01 도형의 이동 ① | 도형 |

주어진 도형을 제시된 방향과 길이만큼 밀었을 때의 모양을 각각 그려 보세요.

• 오른쪽으로 2 cm    • 왼쪽으로 3 cm, 아래쪽으로 3 cm

가운데 도형을 왼쪽과 오른쪽으로 뒤집었을 때의 모양을 각각 그려 보세요.

가운데 도형을 제시된 방향으로 돌렸을 때의 모양을 각각 그려 보세요.

• 시계 반대 방향과 시계 방향으로 각각 90°만큼 돌리기

• 시계 반대 방향과 시계 방향으로 각각 180°만큼 돌리기

시계 반대 방향으로 270°만큼 돌린 것은 시계 방향으로 90° 만큼 돌린 것과 같습니다.

• 시계 반대 방향과 시계 방향으로 각각 270°만큼 돌리기

시계 방향으로 270°만큼 돌린 것은 시계 반대 방향으로 90°만큼 돌린 것과 같습니다.

46 수막대 퍼즐    47 05. 도형의 이동

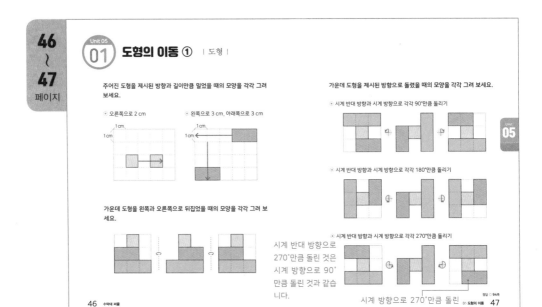

---

**48 ~ 49 페이지**

### Unit 05 / 02 도형 밀기 | 도형 |

수막대를 긴 방향으로만 한 번씩만 밀어 ★이 표시된 수막대를 출구를 통해 완전히 밖으로 빼내려고 합니다. 각 막대를 미는 방법을 설명해 보세요. (단, 수막대는 출구를 통해서만 밖으로 나갈 수 있습니다.)

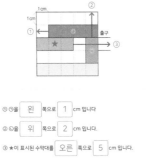

① ⓒ을 **왼** 쪽으로 **1** cm 입니다

② ⓒ을 **위** 쪽으로 **2** cm 입니다

③ ★이 표시된 수막대를 **오른** 쪽으로 **5** cm 입니다.

48 수막대 퍼즐

왼쪽과 같은 방법으로 수막대를 긴 방향으로만 한 번씩만 밀어 ★이 표시된 수막대를 출구를 통해 완전히 밖으로 빼는 방법을 순서대로 나타내어 보세요.

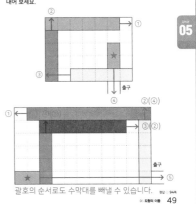

괄호의 순서로도 수막대를 빼낼 수 있습니다.

05. 도형의 이동 49

---

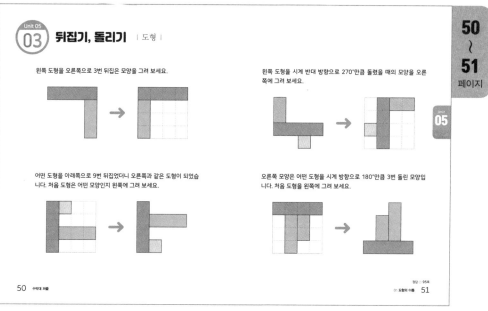

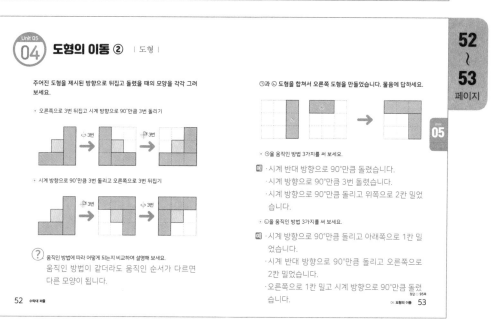

# Unit 06

## 막대그래프 | 자료와 가능성 |

**56 ~ 57 페이지**

### Unit 06 01 막대그래프 ① | 자료와 가능성 |

**안내 Tip** 막대그래프는 조사한 자료의 수량을 막대 모양으로 나타낸 그래프예요.

다음은 어떤 반 학생들이 좋아하는 음식을 조사하여 나타낸 표와 막대그래프입니다. 빈칸에 알맞은 말을 써넣어 보세요.

[좋아하는 음식]

| 음식 | 떡볶이 | 피자 | 치킨 | 햄버거 | 라면 | 합계 |
|------|--------|------|------|--------|------|------|
| 학생 수(명) | 3 | 4 | 6 | 5 | 2 | 20 |

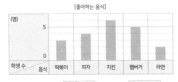

[좋아하는 음식]

- 막대그래프의 가로는 **음식** 을/를, 세로는 **학생 수** 을/를 나타냅니다.
- 세로 눈금 1칸은 **1** 명을 나타냅니다.

눈금 5칸이 5명을 나타내므로 눈금 1칸은 5 ÷ 5 = 1 (명)을 나타냅니다.

- 표에서의 학생 수는 막대그래프에서 막대의 **길이** (으)로 나타내었습니다.

왼쪽 막대그래프의 가로와 세로를 서로 바꾸어 막대를 가로로 나타내어 보세요. 또, 막대를 세로로 나타낸 그래프와 같은 점을 설명해 보세요.

[좋아하는 음식]

**예** 같은 점: 학생 수를 막대의 길이로 나타냅니다.

**?** 조사한 자료의 수량을 표로 나타낸 것보다 막대그래프로 나타냈을 때 좋은 점을 설명해 보세요.
**예** 막대그래프는 표보다 자료의 수량을 한눈에 비교하기 쉽습니다.

정답 : 96쪽

56 수막대 퍼즐

**06. 막대그래프** 57

**58 ~ 59 페이지**

### Unit 06 02 막대그래프 ② | 자료와 가능성 |

54명의 학생들이 윷을 던져서 나온 모양을 조사하여 오른쪽 그림과 같은 막대그래프로 나타내려고 합니다. 물음에 답하세요.

**조건**
① 개가 나온 학생 수는 도가 나온 학생 수보다 4명 더 많습니다.
② 걸이 나온 학생 수는 윷이 나온 학생 수의 4배입니다.

- 윷 모양별 학생 수를 표로 나타내 보세요.

[윷 모양별 학생 수]

| 윷 모양 | 도 | 개 | 걸 | 윷 | 모 | 합계 |
|---------|----|----|----|----|----|------|
| 학생 수(명) | 14 | 18 | 16 | 4 | 2 | 54 |

- 오른쪽 막대그래프의 가로와 세로에는 각각 무엇을 나타내어야 하는지 설명해 보세요.

가로: 윷 모양, 세로: 학생 수

- 오른쪽 막대그래프의 세로 눈금 한 칸의 크기를 정하고, 그 이유를 설명해 보세요.

2명, 세로 눈금은 모두 12칸인데 18까지 나타내어야 하기 때문입니다.

- 서로 다른 막대를 한 번씩만 이용하여 막대그래프를 완성해 보세요.

[윷 모양별 학생 수]

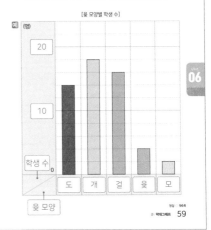

정답 : 96쪽

58 수막대 퍼즐

**06. 막대그래프** 59

### Unit 06
## 03 막대그래프 ③ | 자료와 가능성 |

66명의 학생들의 취미를 조사하여 나타낸 표를 보고 막대그래프로 나타내려고 합니다. 서로 다른 수막대를 한 번씩만 이용하여 막대그래프를 완성해 보세요.

[취미별 학생 수]

| 취미 | 피아노 | 요리 | 운동 | 독서 | 게임 | 합계 |
|------|--------|------|------|------|------|------|
| 학생 수(명) | 9 | 18 | 12 | 21 | 6 | 66 |

[취미별 학생 수]

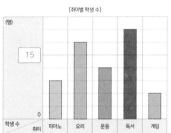

60   수막대 퍼즐

막대그래프에서 피아노의 세로 눈금 3칸이 9명을 나타내므로 세로 눈금 1칸은 9 ÷ 3 = 3 (명)을 나타냅니다.

---

다음은 요일별 공부한 시간을 조사하여 수막대로 나타낸 막대그래프입니다. 5일 동안 공부한 시간은 총 145분이고, 월요일에 공부한 시간이 40분이라고 할 때 수요일에 공부한 시간이 몇 분인지 구해보세요. 또, 수막대를 이용하여 막대그래프를 완성해 보세요.

[요일별 공부한 시간]

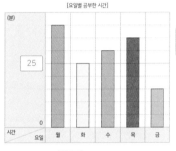

### Unit 06

막대그래프에서 월요일의 세로 눈금 8칸이 40분을 나타내므로 세로 눈금 1칸은 40 ÷ 8 = 5 (분)을 나타냅니다.

• 수요일에 공부한 시간: [ 30 ] 분

월요일 40분, 화요일 25분, 목요일 35분, 금요일 15분이므로 수요일에 공부한 시간은 145 − 40 − 25 − 35 − 15 = 30 (분)입니다.

정답 · 97쪽
이 막대그래프   61

---

### Unit 06
## 04 막대그래프 ④ | 자료와 가능성 |

어느 가게의 월별 장난감 판매량을 조사하여 오른쪽 그림과 같은 막대그래프로 나타내려고 합니다. 물음에 답하세요.

조건
① 8월의 판매량은 9월의 판매량보다 4개 더 적습니다.
② 10월의 판매량은 8월의 판매량의 2배입니다.
③ 8월부터 12월까지의 판매량은 모두 124개입니다.

• 월별 장난감 판매량을 표로 나타내어 보세요.

[월별 장난감 판매량]

| 월 | 8월 | 9월 | 10월 | 11월 | 12월 | 합계 |
|----|-----|-----|------|------|------|------|
| 판매량(개) | 16 | 20 | 32 | 44 | 12 | 124 |

• 오른쪽 막대그래프의 가로와 세로에는 각각 무엇을 나타내야 하는지 설명해 보세요.
가로: 월, 세로: 판매량

• 오른쪽 막대그래프의 세로 눈금 한 칸의 크기를 정하고, 그 이유를 설명해 보세요.
4개, 세로 눈금은 모두 12칸인데 44까지 나타내어야 하기 때문입니다.

62   수막대 퍼즐

---

• 서로 다른 수막대를 한 번씩만 이용하여 막대그래프를 완성해 보세요.
(단, 수막대를 긴 방향으로 길게 이어 붙여 수를 나타낼 수 있습니다.)

[월별 장난감 판매량]

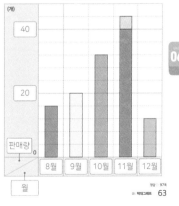

### Unit 06

정답 · 97쪽
이 막대그래프   63

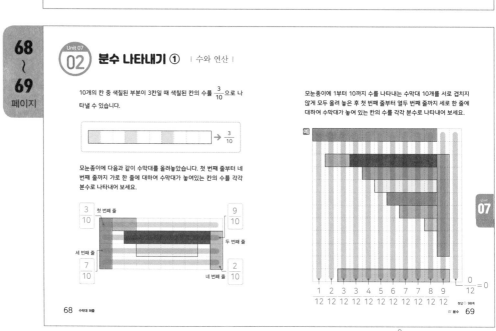

# 07 Unit

## 분수 | 수와 연산 |

---

### 66 ~ 67 페이지

**Unit 07 01 분수 알아보기** | 수와 연산 |

빈칸에 알맞은 수를 써넣어 보세요.

전체를 똑같이 3으로 나눈 것 중의 1을 $\frac{1}{3}$ (이)라 쓰고,

3 분의 1 (이)라 읽습니다.

전체를 똑같이 3으로 나눈 것 중의 1을 $\frac{3}{4}$ (이)라 쓰고,

4 분의 3 (이)라 읽습니다.

전체 길이에 대하여 색칠된 분수의 길이를 분수로 나타내어 보세요.

→ $\frac{2}{5}$

→ $\frac{5}{8}$

그림을 보고 분수의 덧셈식을 나타내어 보세요.

$$\frac{2}{6} + \frac{3}{6} = \frac{5}{6}$$

분수의 뺄셈식을 그림으로 나타내어 보세요.

$$\frac{7}{9} - \frac{2}{9} = \frac{5}{9}$$

예

66 수막대 퍼즐

정답 98쪽

07 분수 67

---

### 68 ~ 69 페이지

**Unit 07 02 분수 나타내기 ①** | 수와 연산 |

10개의 칸 중 색칠된 부분이 3칸일 때 색칠된 칸의 수를 $\frac{3}{10}$ 으로 나타낼 수 있습니다.

→ $\frac{3}{10}$

모눈종이에 다음과 같이 수막대를 올려놓았습니다. 첫 번째 줄부터 네 번째 줄까지 가로 한 줄에 대하여 수막대가 놓여있는 칸의 수를 각각 분수로 나타내어 보세요.

$\frac{3}{10}$ 첫 번째 줄

$\frac{9}{10}$

세 번째 줄

두 번째 줄

$\frac{7}{10}$

네 번째 줄

$\frac{2}{10}$

모눈종이에 1부터 10까지 수를 나타내는 수막대 10개를 서로 겹치지 않게 모두 올려 놓은 후 첫 번째 줄부터 열두 번째 줄까지 세로 한 줄에 대하여 수막대가 놓여 있는 칸의 수를 각각 분수로 나타내어 보세요.

예

$\frac{1}{12}$ $\frac{2}{12}$ $\frac{3}{12}$ $\frac{3}{12}$ $\frac{4}{12}$ $\frac{5}{12}$ $\frac{6}{12}$ $\frac{7}{12}$ $\frac{7}{12}$ $\frac{8}{12}$ $\frac{9}{12}$ $\frac{0}{12}=0$

68 수막대 퍼즐

정답 98쪽

07 분수 69

수막대가 놓여있지 않은 줄은 $\frac{0}{12}$ 으로 나타낼 수 있습니다.
단, 분자가 0인 분수는 항상 0과 같습니다.

**Unit 07**
**03** ## 분수 나타내기 ② | 수와 연산 |

**70 ~ 71** 페이지

길이가 10 cm인 막대 모양에 길이가 5 cm인 수막대를 올려놓았습니다. 이때, 전체 길이에 대하여 수막대 1개의 길이를 $\frac{1}{2}$로 나타낼 수 있습니다.

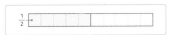

길이가 12 cm인 막대 모양에 수막대 1개를 각각 올려놓았습니다. 전체 길이에 대하여 수막대 1개의 길이를 $\frac{1}{\Box}$로 나타내어 보세요.

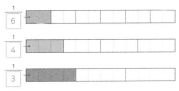

$\frac{1}{2}$, $\frac{1}{3}$, $\frac{1}{4}$과 같이 분자가 1인 분수를 단위분수라 해요.

길이가 12 cm인 막대 모양에 올려놓은 여러 개의 수막대의 길이를 왼쪽에서 구한 수막대 1개의 길이 $\frac{1}{\Box}$을 이용하여 분수로 나타내어 보세요.

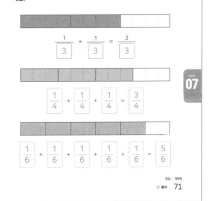

$$\frac{1}{3} + \frac{1}{3} = \frac{2}{3}$$

$$\frac{1}{4} + \frac{1}{4} + \frac{1}{4} = \frac{3}{4}$$

$$\frac{1}{6} + \frac{1}{6} + \frac{1}{6} + \frac{1}{6} + \frac{1}{6} = \frac{5}{6}$$

**Unit 07**

70 수막대 퍼즐

정답: 99쪽
07 분수 71

---

**Unit 07**
**04** ## 분수의 덧셈과 뺄셈 | 수와 연산 |

**72 ~ 73** 페이지

하루에 아버지는 전체 일의 $\frac{2}{9}$를, 어머니는 전체 일의 $\frac{1}{9}$을 합니다. 물음에 답하세요.

● 길이가 9 cm인 막대 모양에 수막대를 이용하여 아버지와 어머니가 하루에 한 일의 양을 각각 나타내어 보세요.

| 구분 | 하루에 한 일의 양 | | |
|---|---|---|---|
| 아버지 | | | |
| 어머니 | | | |

● 길이가 9 cm인 막대 모양에 위에서 이용한 수막대로 아버지와 어머니가 하루에 함께 한 일의 양을 나타내고, $\frac{1}{\Box}$로 나타내어 보세요.

 → $\frac{1}{3}$

● 아버지와 어머니가 함께 일을 했을 때 전체 일을 며칠 만에 모두 끝낼 수 있는지 구해 보세요.

3일. $\frac{1}{3} + \frac{1}{3} + \frac{1}{3} = \frac{3}{3} = 1$

케이크를 만드는 데 빵과 크림이 필요하고, 빵과 크림을 만드는 데 우유가 필요합니다. 케이크 1개를 만드는 데 필요한 우유의 양은 빵에는 $\frac{1}{12}$ L이고, 크림에는 $\frac{5}{12}$ L입니다. 물음에 답하세요.

● 길이가 12 cm인 막대 모양에 수막대를 이용하여 케이크 1개를 만드는 데 필요한 우유의 양을 나타내고, $\frac{1}{\Box}$로 나타내어 보세요.

1개

→ $\frac{1}{2}$ L

● 우유 1 L로 만들 수 있는 케이크의 개수는 모두 몇 개인지 구해 보세요.

2개, $\frac{1}{2} + \frac{1}{2} = \frac{2}{2} = 1$ (L)

● 우유 2 L로 케이크 3개를 만들었을 때 남은 우유의 양은 몇 L인지 구해 보세요.

$\frac{1}{2}$ L, $2 - \frac{1}{2} - \frac{1}{2} - \frac{1}{2} = \frac{1}{2}$ (L)

**Unit 07**

72 수막대 퍼즐

정답: 99쪽
07 분수 73

# 도형의 둘레 | 도형 |

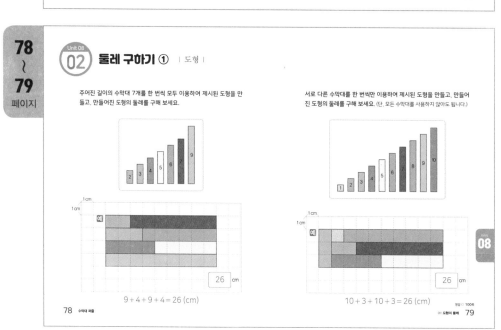

## Unit 08
### 01 도형의 둘레 | 도형 |

용어 Tip
도형의 테두리 또는 테두리의 길이를 둘레라 해요.

각 변의 길이를 모두 더하면 도형의 둘레를 구할 수 있습니다. 수막대로 만든 도형의 둘레를 구해 보세요.

$6 + 1 + 6 + 1 =$ 14 (cm)

$7 + 2 + 7 + 2 =$ 18 (cm)

다음과 같은 방법으로 수막대로 만든 도형의 둘레를 구해 보세요.

• 방법 1: 사각형으로 만들어 구합니다.

3 + 3 + 3 + 3 = 12 (cm)

• 방법 2: 사각형으로 만들어 구하고, 남는 변의 길이를 더합니다.

3 + 3 + 3 + 3 + 1 + 1 = 14 (cm)

76  수막대 퍼즐

08 도형의 둘레  77

정답 ○ 100쪽

## Unit 08
### 02 둘레 구하기 ① | 도형 |

주어진 길이의 수막대 7개를 한 번씩 모두 이용하여 제시된 도형을 만들고, 만들어진 도형의 둘레를 구해 보세요.

예

26 cm

$9 + 4 + 9 + 4 = 26 \, (cm)$

서로 다른 수막대를 한 번씩만 이용하여 제시된 도형을 만들고, 만들어진 도형의 둘레를 구해 보세요. (단, 모든 수막대를 사용하지 않아도 됩니다.)

예

26 cm

$10 + 3 + 10 + 3 = 26 \, (cm)$

78  수막대 퍼즐

08 도형의 둘레  79

정답 ○ 100쪽

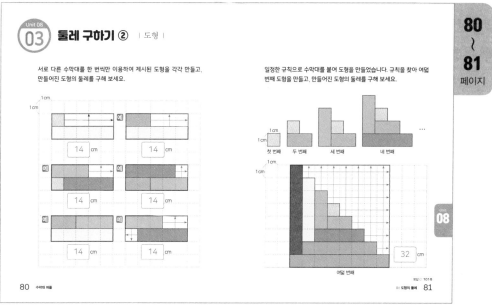

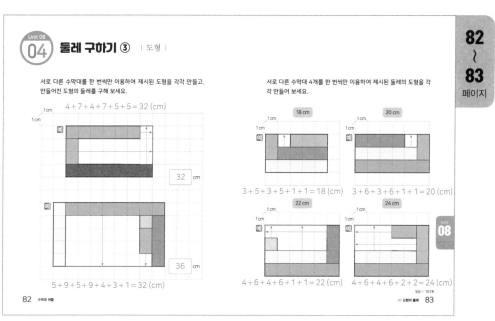

# 수막대

※ 수막대를 가위로 오려 사용하세요.

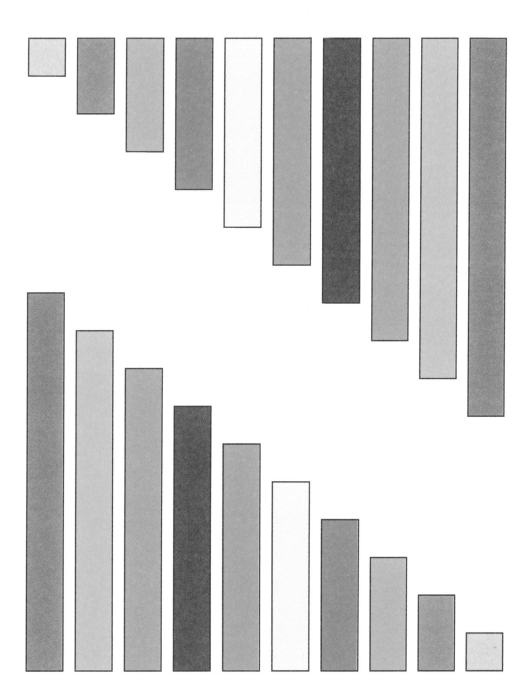

# 자

※ 자를 가위로 오려 사용하세요.

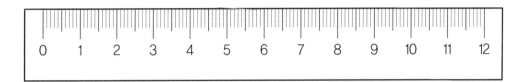

자를 이용하여 길이 재는 방법

**방법 1**

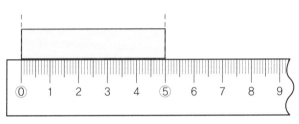

① 수막대의 한 쪽 끝을 자의 눈금 0에 맞춥니다.

② 수막대의 다른 쪽 끝에 있는 자의 눈금을 읽습니다.

→ 수막대의 길이는 5 cm입니다.

**방법 2**

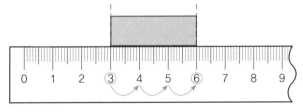

① 수막대의 한 쪽 끝을 자의 한 눈금에 맞춥니다.

② 그 눈금에서 다른 쪽 끝까지 1 cm가 몇 번 들어가는지 셉니다.

→ 수막대의 길이는 3 cm입니다.

# 좋은 책을 만드는 길
# 독자님과 함께하겠습니다.

도서나 동영상에 궁금한 점, 아쉬운 점, 만족스러운 점이
있으시다면 어떤 의견이라도 말씀해 주세요.
SD에듀는 독자님의 의견을 모아 더 좋은 책으로 보답하겠습니다.

## www.sdedu.co.kr

## 안쌤의 사고력 수학 퍼즐 수막대 퍼즐

| | |
|---|---|
| 초 판 발 행 | 2023년 02월 03일 (인쇄 2022년 12월 23일) |
| 발 행 인 | 박영일 |
| 책 임 편 집 | 이해욱 |
| 저 자 | 안쌤 영재교육연구소 |
| 편 집 진 행 | 이미림 · 이여진 · 피수민 |
| 표지디자인 | 조혜령 |
| 편집디자인 | 최혜윤 |
| 발 행 처 | (주)시대교육 |
| 공 급 처 | (주)시대고시기획 |
| 출 판 등 록 | 제 10-1521호 |
| 주 소 | 서울시 마포구 큰우물로 75 [도화동 538 성지 B/D] 9F |
| 전 화 | 1600-3600 |
| 팩 스 | 02-701-8823 |
| 홈 페 이 지 | www.sdedu.co.kr |
| I S B N | 979-11-383-4075-5 (63410) |
| 정 가 | 12,000원 |

# 시대교육이 준비한
## 특별한 학생을 위한,
# 최상의 학습 시리즈

**안쌤의 사고력 수학 퍼즐 시리즈**

**①**
- 17가지 교구를 활용한 퍼즐 형태의 신개념 학습서
- 집중력, 두뇌 회전력, 수학 사고력 동시 향상

**안쌤의 STEAM + 창의사고력**
수학 100제, 과학 100제 시리즈

**②**
- 영재성검사 기출문제
- 창의사고력 실력다지기 100제
- 초등 1~6학년, 중등

**AI와 함께하는**
**영재교육원 면접 특강**

- 영재교육원 면접의 이해와 전략  **⑧**
- 각 분야별 면접 문항
- 영재교육 전문가들의 연습문제

**스스로 평가하고 준비하는 대학부설·교육청**
**영재교육원 봉투모의고사 시리즈**

**⑦**
- 영재교육원 집중 대비·실전 모의고사 3회분
- 면접 가이드 수록
- 초등 3~6학년, 중등

※도서의 이미지와 구성은 변경될 수 있습니다.

## 수학이 쑥쑥! 코딩이 척척!
## 초등코딩 수학 사고력 시리즈

③
- 초등 SW 교육과정 완벽 반영
- 수학을 기반으로 한 SW 융합 학습서
- 초등 컴퓨팅 사고력+수학 사고력 동시 향상
- 초등 1~6학년, 영재교육원 대비

④

## 안쌤의 수·과학 융합 특강

- 초등 교과와 연계된 24가지 주제 수록
- 수학사고력+과학탐구력+융합사고력 동시 향상

⑤

## 안쌤의 신박한 과학 탐구보고서 시리즈

- 모든 실험 영상 QR 수록
- 한 가지 주제에 대한 다양한 탐구보고서

## 영재성검사 창의적 문제해결력
## 모의고사 시리즈

⑥
- 영재성검사 기출문제
- 영재성검사 모의고사 4회분
- 초등 3~6학년, 중등

# SD에듀만의 영재교육원 면접
# SOLUTION

## 영재교육원 AI 면접 온라인 프로그램 무료 체험 쿠폰

### 도서를 구매한 분들께 드리는
### 특별한 혜택

| 쿠폰 번호 | | |
|---|---|---|
| YHJ | 66134 | 15199 |

유효기간 : ~2023년 6월 30일

**01** 도서의 쿠폰번호를 확인합니다.

**02** WIN시대로[https://www.winsidaero.com]에 접속합니다.

**03** 홈페이지 오른쪽 상단 영재교육원 **AI 면접** 배너를 클릭합니다.

**04** 회원가입 후 로그인하여 [**쿠폰 등록**]을 클릭합니다.

**05** 쿠폰번호를 정확히 입력합니다.

**06** 쿠폰 등록을 완료한 후, [**주문 내역**]에서 이용권을 사용하여 면접을 실시합니다.

※ 무료쿠폰으로 응시한 면접에는 별도의 리포트가 제공되지 않습니다.

## 영재교육원 AI 면접 온라인 프로그램

**01** WIN시대로[https://www.winsidaero.com]에 접속합니다.

**02** 홈페이지 오른쪽 상단 영재교육원 **AI 면접** 배너를 클릭합니다.

**03** 회원가입 후 로그인하여 [**상품 목록**]을 클릭합니다.

**04** 학습자에게 꼭 맞는 다양한 상품을 확인할 수 있습니다.

**KakaoTalk 안쌤 영재교육연구소**

안쌤 영재교육연구소에서 준비한 더 많은 면접 대비 상품
(동영상 강의 & 1:1 면접 온라인 컨설팅)을 만나고 싶다면
안쌤 영재교육연구소 카카오톡에 상담해 보세요.